# 湛庐CHEERS

与最聪明的人共同进化

HERE COMES EVERYBODY

CHEERS
湛庐

[美] 马丁·塞利格曼 著
Martin E. P. Seligman

洪兰 译

塞利格曼幸福经典 1
彭凯平 主编

# 活出最乐观的自己

珍藏版

How to Change Your Mind and Your Life

# LEARNED OPTIMISM

浙江教育出版社 · 杭州

Martin E.P.
Seligman
积极心理学之父
马丁·塞利格曼
◎ 美国心理协会终身成就奖获得者
◎ 国际积极心理协会终身荣誉主席

The Legendary Psychologist

# 创造历史的传奇心理学家

## 以最高票当选美国心理协会主席，推动心理学进入全新时代

1998 年，心理学界学术权威机构——美国心理协会，以史上最高票数诞生了一位主席，他就是马丁·塞利格曼。

塞利格曼是一个善于创造历史的传奇人物：仅用两年零八个月就拿到了宾夕法尼亚大学的博士学位，刷新了宾夕法尼亚大学心理学系建系以来的纪录；26 岁便获得终身教职，成为美国历史上最年轻的心理学教授；因其经典学术发现——习得性无助，入选 20 世纪 100 位心理学家，并成为排位最高的积极心理学家；因卓越的学术成就，荣获美国心理协会威廉姆斯奖、詹姆斯·卡特尔奖两项大奖，成为该协会双奖加身的第一人；1998 年，当选美国心理协会主席时，创造了该协会最高票当选的纪录。

在担任美国心理协会主席期间，塞利格曼推动心理学完成了四大变革：第一，心理学摒弃了行为主义并认真对待认知；第二，心理学把研究的关注点从痛苦转向幸福；第三，心理学终于认真对待进化论和大脑；第四，心理学从对过去的痴迷转向研究如何思考未来。可以说，因为塞利格曼，心理学从研究痛苦转向研究幸福，从关注病人转向关注普通人，让追求幸福成了一件自然而然的事情。

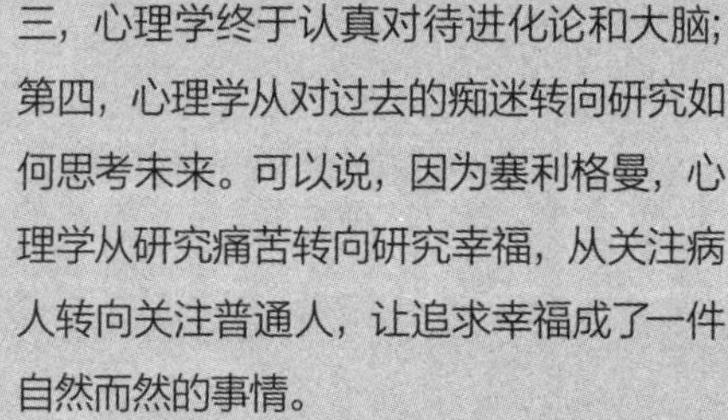

## Founder of Positive Psychology

# 积极心理学创建者

### 为普通人增加幸福感，
### 让心理学从精神疾病的黑暗世界进入精神健康的美好世界

在 1998 年美国心理协会主席就职致辞中，塞利格曼发出了令整个心理学界为之震动的倡议："心理学自弗洛伊德以来始终关注的是对人类病态阴郁的探究，心理学家们热衷于把 -8 的人提升到 -2，而我的目标是把 +2 的人提升到 +6。"

数年后的今天，人们仍将塞利格曼的致辞作为积极心理学诞生的标志，他本人也成为世界公认的"积极心理学之父"，成为国际积极心理协会终身荣誉主席。

塞利格曼致力于研究积极体验和积极情绪，探究如何才能让普通人变得更加幸福，成就蓬勃丰盈的人生。塞利格曼还创建了"真实的幸福"网站，分享自己的研究成果，并不断拓展自己的幸福理论。目前，已经有超过 200 个国家的 450 多万用户在该网站进行了注册。

## Advocate of Positive Education and Positive Psychotherapy

# 积极教育与积极心理治疗倡导者

### 帮助人们教出乐观的孩子，活出最乐观的自己

关于教育，一直存在一个悖论：家长往往希望孩子得到"自信""知足""善良""健康""爱"等能走向幸福的特质，却希望学校教授"成就""服从""工作能力""数学"等获得成功的方法，而这两者完全没有重合之处。这就是传统的教育。因为看到了传统教育的这种弊病，所以塞利格曼一直在积极推动积极教育——除了教授实用的课程，还教授有关幸福的课程。结果也证明，积极教育体系下的孩子们不仅有更强的幸福感，在标准化考试中的成绩也更好。目前，积极教育已经在美国、英国、澳大利亚等国家的众多学校开展。

除了在教育领域的应用，积极心理学在心理障碍的治疗方面也极具成效。研究显示，对于抑郁症患者，积极心理疗法的效果明显优于药物治疗和认知疗法。

《活出最乐观的自己》

《认识自己，接纳自己》

《真实的幸福》

《教出乐观的孩子》

《塞利格曼自传》

“塞利格曼幸福经典”系列

# Go Along with Psychology

# 与心理学同行的一生

## 从无助到希望，从黑暗到光明

塞利格曼的人生轨迹和心理学本身的轨迹正如两条平行线，是相辅相成的。

与心理学一样，塞利格曼也曾执着于思考如何最小化自己的痛苦，如何减少抑郁，如何安抚愤怒的同事等。但正是因为意识到，即使是解决了所有的问题，这一切也只是个零，塞利格曼才开始改变自己的思考方式——不再执着于纠正缺点，而是开始搭建美好；不再试图让自己少一些不快乐，而是让自己捕捉到更多快乐。于是，如同心理学一样，塞利格曼也冲破了人生路上的无助和黑暗，走向了积极和幸福。

正如塞利格曼所说：“我的个人生活和心理学都从绝望升华到希望，从黑暗穿过阴霾走向了光明。”

# 你知道如何习得乐观吗？

- 为不幸的事找到暂时和特定的原因是获得希望的关键，这是对的吗？

  A. 对

  B. 错

- 学习只有在行为产生奖励或惩罚时才可能发生，这个观点属于积极心理学范畴吗？

  A. 属于

  B. 不属于

- 对于很多工作，乐观的解释风格是必需的，比如：

  A. 律师

  B. 会计

  C. 推销员

  D. 人力资源管理者

扫描左侧二维码查看本书更多测试题

目　录

## 第二部分 乐观的人生为什么精彩

推荐序 1

# 希望开创“人类第二个轴心时代”的心理学巨匠

彭凯平
清华大学社会科学学院院长
中国积极心理学发起人

我是一个积极心理学的“皈依者”，在 2008 年之前，我是不相信积极心理学的。

20 世纪 70 ～ 80 年代，心理学领域掀起了一场认知革命。其中最具有影响力的研究是对人类非理性的认知误区的研究，诞生了两位获得诺贝尔经济学奖的心理学家：丹尼尔·卡尼曼（Daniel Kahneman）和理查德·泰勒（Richard H. Thaler）。我的博士生导师理查德·尼斯贝特（Richard E. Nisbett）教授，也是这一领域的领军人物。在这样的心理学大潮的影响下，我一直相信，帮助人类提高自己的理性和认知能力才是心理学应该追求的主流方向，所以我的主要研究兴趣一直是人类的高级认知，例如因果关系、虚假相关、价值观与行为不一致性、违背逻辑的“辩证思维”，以及文化对这些认知过程的影响等。

2008 年，应清华大学的邀请，我回国主持清华大学心理学系的复建工作。一个很深切的感受，就是中国社会的发展迅速，相较于我出国时的 1988 年，人们的生活水平在 20 年内有了明显的提高。但是我也发现，我们面临的心理挑战有增无减，社会普遍存在一些急躁、烦恼、焦虑、担忧的情绪，我们一直在追求粗放的更大、更好、更高档次、更有面子的路上义无反顾，却没有用心去体会自己内心的感受——那些精细的情感、流动的美以及大自然和人类社会遗留给我们的宁静与平和。在这样一种无比冲动的文化氛围下，焦虑症、抑郁症、躁狂症、自我封闭症等心理问题出现的概率逐年升高，并且越来越蔓延到更年轻一代的身上。是的，今天的这个社会不管从哪个角度来看都并不宁静，工业革命后几百年里人类社会的喧嚣甚至超过以往几千年所积累下来的所有喧嚣。处于这个现代化的颠覆性变革的世界中，似乎每种文化、每个国家、每个人都在努力去寻找着自己的“第二曲线”。增长成为全世界所有学科努力的方向与新的信仰。可是，到如今，也没有任何一个人可以明确给出这种关于增长的新的信仰究竟是否合适的定论。

中国也没能幸免于那些现代化的陷阱。虽然我们 5 000 多年根深蒂固的文化传统中有那么多值得并且能够让我们淡定下来的基因，但是全球化的步伐、地缘政治、军事威胁、科技与社会的颠覆式创新、人类物质财富的极大增长等诸多力量累加起来的作用力，在推动着这个蓝色星球“旋转得越来越快”。显然，在此时此刻，那些我们正在经历着的变革具备更强大的诱惑力。

然而，这种诱惑并不全都是积极的，其产生的很多结果甚至会导向人道主义的灾难。传统的心理学则非常像是一种应急的技术手段，自然而然地成为处理这些并不积极的心理结果的良方。的确，传统心理学在这方面做出了巨大的贡献。可是，这并不够。

从诞生之日起，心理学就不止有疗愈创伤这一项功能。它还有帮助人类心灵成长、认知提升与积极乐观地面对生活、追求最真实的幸福的功能。它也有造就不断适应未来的社会精英、激发人的优势潜能、改造人们的学习方式、丰富人类对世界和自己存在意义的探索的目的。无论如何，在一个更加多元、更加不确定、更加融合的新时代里，这些目的都显得如此重要。传统的心理科学和实践的研究，事实上已经不能满足飞速发展的现代社会的需求了。如何从科学心理学的角度去帮助人们获得安全感、获得感和幸福感，也许需要一些新的思路和方法，尤其是面对中国这个更加具体的全球发展引擎时，这种紧迫性更加突出。这时，我发现了积极心理学，并开始关注这一领域的奠基人马丁・塞利格曼的诸多颇有成就的研究工作。

## 塞利格曼的积极心理学之路

塞利格曼出生于美国纽约州奥尔巴尼，在家乡念书时，他喜好篮球运动，后因未能入选篮球队而开始研究学问。13 岁那年，他开始专心读书，其中弗洛伊德的《精神分析引论》给他留下了深刻的印象。1964 年，塞利格曼毕业于普林斯顿大学，随后进入宾夕法尼亚大学，师从理查德・所罗门（Richard Solomon）教授学习实验心理学。1967 年，塞利格曼获得普林斯顿大学博士学位，并执教于康奈尔大学。1970 年，他回到宾夕法尼亚大学，在该校的精神病学系接受了为期一年的临床培训后，于 1971 年重返心理学系。塞利格曼先是与布鲁斯・奥弗米埃尔（Bruce Overmier），后来又与史蒂夫・梅尔（Steve Maier）合作研究了狗在受到预置的不可避免的伤害后所表现出的被动性，这就是著名的动物的习得性无助研究。这项研究也被很多人视作改变心理学历史的“伟大心理学实验”之一。

1976 年，塞利格曼晋升为教授，在此期间出版了《习得性无助：沮丧、发展和死亡》（*Helplessness: On Depression, Development, and Death*）一书。1978 年，他与琳恩・艾布拉姆森（Lyn Abramson）和约翰・蒂斯代尔（John Teasdale）一起，重新系统地阐述了习得性无助感的理论模型，并发现人是有习得性无助的：当坏事发生后，那些觉得做什么都不能改变自己困境的人往往会陷入心理上的无助境地。所以，塞利格曼早期享有盛名的工作主要是关于习得性无助、抑郁、悲观主义等负面情绪的研究。也正是因为这方面的研究，美国应用与预防心理学会授予了他终身成就奖。

那么，为什么一个以研究人类负面心理出名的学者转眼便成了推崇积极心理学的大师呢？在他的自传中，塞利格曼讲了一个故事，那就是他和自己女儿的对话。

1998 年，塞利格曼历史性地以最高票当选美国心理协会的主席。当选后的两个星期内，他一直在准备任职致辞。闲暇之余，他来到自己的玫瑰花园，收拾被忽视了一段时间的玫瑰花。他 5 岁的小女儿妮基也来到花园玩耍，不时把爸爸正在准备播种的玫瑰花籽扔到空中，引起爸爸的愤怒，受到大声的呵斥。

妮基一言不发地慢慢走开，过了一会儿，小姑娘回来郑重地说："爸爸，我得和你好好谈一谈。"爸爸不解地望着自己的女儿。妮基说："您可能还记得，从 3 岁到 5 岁，我一直是个爱哭的孩子，但是在我 5 岁生日的时候，我决定再也不哭了，我可以改掉爱哭的习惯，我觉得爸爸你也可以改改爱发脾气的习惯。"

女儿的一席话让塞利格曼感到震撼。多年来，塞利格曼一直在研究动物的无助和人类的抑郁。正如 5 岁的妮基所注意到的那样，这些工作使他变得阴郁、不耐烦和挑剔。

塞利格曼开始反省，如果他研究的是幸福而不是不幸，是成就而不是失败，是力量而不是疾病，是不是会对他、他的孩子，甚至对他的患者有完全不同的影响呢？在他的自传中，塞利格曼描述了他的个人变化。他是一个不断自我超越的人，他广泛阅读，听古典音乐，并广交不同领域的朋友。为了放松，他打桥牌。在第一次婚姻失败后，他在1988年与曼迪·麦卡锡（Mandy McCarthy）结为夫妻。曼迪来自英国，她给了塞利格曼无条件的爱，又与他生育了5个孩子，这是他自认为的幸福的源泉。在遇到曼迪之前，他根本看不起“幸福”这个词，欣赏的是叔本华、尼采、弗洛伊德的观点，即“生活的目的是减少痛苦”。现在，他渴望“更快乐”，而不仅仅是“不要不快乐”。

与此同时，塞利格曼渐渐得出结论：弗洛伊德的治疗和药物并不能解决抑郁症的流行，它们可能会暂时缓解痛苦，但都不能让患者重获新生。他开始反抗心理学界对病理心理学的执着和对应用研究的蔑视。他开始反思，也许心理学可以减少对病理心理学的关注，减少对传统的心理治疗的依赖，相信人类积极心理的能力，培养自身的优势和美德，从人类内在的积极方向上去引导他们，启发他们，帮助他们，激励他们。他开始提出，为什么我们不能科学地研究适应良好、快乐幸福的人呢？为什么我们不能去发现他们是如何兴旺发达的？为什么我们不能将这些人的成功秘诀变成普通人学习的榜样呢？他写道：“积极的心理学召唤着我，就像燃烧的灌木召唤摩西一样。”

正是带着这种宗教般的激情，塞利格曼变成了一个社会活动家。他奔波于世界各地，不断向各种基金会、董事会、心理学同行、非专业团体，尤其是普通公众表达他的见解，介绍他的研究，推广积极心理学。在长达30年的不断努力的过程中，他发表了40多篇论文，撰写了5本畅销书——《活出最乐观的自己》《认识自己，接纳自己》《真实的幸福》《教出乐观的孩子》《持续的幸福》，用精辟且通俗易懂的语言来宣传他的理念，用独创和令人信服的新概念赋予了传统智慧新的意义。他创建了世界上第一个积极心理学研究中心，在宾夕法尼亚大学开设了第一个应用积极心理学的研究生培养项目，领导建立了国际积极心理协会和国际积极教育联盟（IPEN），并将积极心理学引入企业、学校、医学界、军队和政府部门。在他的领导之下，积极心理学已经成为心理学一个活跃的研究领域，三个国际积极心理学学术杂志也相继诞生，包括《幸福研究杂志》（*Journal of Happiness Studies*）、《积极心理学杂志》（*The Journal of Positive Psychology*）、《幸福评估杂志》（*Journal of Well-Being Assessment*），成千上万的研究人员投身这一领域，发表了数千篇学术研究论文，出版了上百本关于积极心理学的图书。

塞利格曼也是中国积极心理学的支持者和引路人。他派出了他的学生赵昱鲲、曾光、安妮来清华大学心理学系完成博士学位教育，同时也成为中国积极心理学早期的宣传者。他也是第一届和第五届国际积极心理学大会的演讲嘉宾，并以 70 多岁的高龄来中国宣讲。每一次国际积极心理学大会，他都积极参与我们组织的中国论坛并出席讲话。更重要的是，他相信中国的积极心理学是国际积极心理学领域能够领导世界潮流的力量，甚至是积极心理学影响社会的最重要的实验地，能产生影响人类未来的研究和实践。他对习近平主席提出的“中国梦”“人类命运共同体”以及以人民的“幸福感、获得感、安全感”为社会发展指标的观点极为欣赏、支持，并认为这一观点与积极心理学的理念一脉相通。可以说，塞利格曼不仅是世界积极心理学之父，也是中国积极心理学的奠基人之一。

## 塞利格曼的积极心理学研究

塞利格曼是积极心理学的倡导者，但本质上，他更是人类积极心态的专业研究者。他一如既往地应用心理学的科学研究方法，探索曾经被认为是哲学甚至是神学研究的种种话题，我个人认为其突出的研究贡献体现在以下 4 个重要领域。

### 对幸福研究的科学探索

积极心理学得到迅猛发展的一个重要原因是它对幸福这一古老话题的科学探索。积极心理学认为，幸福不仅是一个美好的目标，也是人心的主观感受，因此幸福感是可以被定义、测量、传授和提升的，提高人的主观幸福感可以使个人更加充实，家庭更加和谐，公司更有生产力，士兵更有战斗力，学生更好学，婚姻更幸福。问题是，这些承诺真的能兑现吗？与以往其他学科对幸福的探索不同，塞利格曼认为，幸福的积极意义是有客观证据的，幸福也是可以被科学研究的。他带领的科研团队利用了当代社会科学的各种研究方法，如调查方法、纵向研究、聚类分析、动物实验、大脑成像、激素测量和案例研究，对人的幸福感进行了系统研究。例如，塞利格曼及其团队是世界上最早对脸书等社交媒体上的文本进行大数据分析的，发现人的幸福感的变化与健康、财富、学习、成就、婚姻等美好生活的指标密切相关。

心理学界对负面心理的加工强势效应一直怀有一种信念，这种信念也被很多研究证实，例如，我们更容易记住未解决的问题、遇到的挫折和痛心的失败，以及没有得到的金钱、地位、爱情和快乐。2019 年，心理学家约翰·蒂尔尼（John Tierney）和罗伊·鲍迈斯特（Roy F. Baumeister）在专著《坏的力量》（*The Power of Bad*）中，总结了这方面的大量研究。还有不少人把“幸福”看成“愚蠢”的近义词，认为一谈论幸福就显得人肤浅没有深度，毕竟悲观主义在学术界的影响根深蒂固，门徒众多，大多数人相信，悲伤、痛苦、愤怒产生智慧，快乐则让人愚蠢。塞缪尔·约翰逊的结论是：“我们不是为幸福而生的。”弗洛伊德的追随者们坚持认为，在人的内心深处，侵略性和冲突性是本质，幸福是不存在的理想。

但塞利格曼坚持认为：与悲观做斗争，记住好的一面，感恩自己的幸福，专注于自己的优势，重塑人看待现实和生活的方式，是一种进化选择出来的人的竞争优势，是对石器时代人类的先祖所常备的灾难性思维的一种升华。他认为，人类社会需要减少对 GDP 的关注，而应该更多地关注国民福祉。2000 年 1 月，塞利格曼和他的同事在《美国心理学家》（*American Psychologist*）杂志上发表了一份宣言，其中讲到：“心理学不仅仅是一个与疾病或健康有关的医学分支，它的规模要大得多。它关乎工作、教育、洞察力、爱、成长和幸福。”这份宣言正式宣告了积极心理学的诞生。

## 对人类积极品德的科学探索

塞利格曼本质上是很有哲学家气质的，但他的哲学是基于证据的、实证的、科学的理论。

心理学家的书架上通常都有一本《精神障碍诊断与统计手册》（DSM），这本书列出了人的各种精神疾病的种类。但塞利格曼觉得，为什么不能写一本人类心理的“健康手册”？为什么不能有关于人类美德的分类呢？从 2000 年开始的 3 年时间里，塞利格曼和他的团队仔细研究了从孔子和苏格拉底到惠特曼和弗洛伊德的文章，以及当代社会科学研究人员的研究报告，最终编撰了一本 814 页的百科全书，书名是《性格优势与美德》（*Character Strengths and Virtues*）。书中列举了智慧、勇气、人性、正义、节制、超越等六大核心美德，以及 24 种性格优势。其中的优势包括勇敢、谦虚、坚持、活力、好奇心、社会智慧、灵性、领导能力，以及专家们经过多次辩论后认同的幽默。

基于性格优势和美德研究，塞利格曼还开发出了包括一项行动价值观（VIA）的显著性优势调查，调查对象超过 1 100 万人。这项测试对一个人的性格优势进行排列，并能引导他们进行自我认知和职业指导。它被广泛应用于商业、教育和治疗。这本书是一本密集而富有启发性的概要，提升了塞利格曼的学术声誉，吸引了更多的“皈依者”。

## 对习得性乐观主义的探索

塞利格曼认为，人的乐观主义的态度是可以培养和学习的。他自己也从一个悲观主义的心理学家，变化成一个积极心理学家。他相信人类的生存环境正在变得更好，习得性乐观将使人类快乐幸福、兴旺发达。他同意哈佛大学著名心理学家史蒂芬·平克（Steven Pinker）[①] 的论点，即人类的暴力在减少，寿命在增加，人道主义在上升，舒适性和便利性在提高，女性地位在提升。50 年前的心理学研究领域，男性占绝对统治地位，研究冲突、压力和支配的学者很多；如今，女性占主导地位，研究合作、积极情绪、参与、信任和人际关系的学者越来越多。

塞利格曼还利用乐观主义预测收入、关系、成就甚至总统选举，得出结论：乐观主义突出的人有竞争优势，甚至作为总统候选人时通常也会获胜。他预言，人类社会会越来越好。但是，塞利格曼也提醒我们要小心盲目乐观主义带来的伤害，例如股市的非理性繁荣往往是由过度的乐观主义导致的，忽视和包容各种形式的不平等容易让社会的不公平合法化，盲目的乐观主义往往也是独裁者惯用的宣传伎俩。

## 对人类憧憬未来天性的探索

塞利格曼认为，人的大脑中有一个“希望回路”，所以我们不是简单的智人（Homo Sapiens）——学习经验，利用工具，解决问题；我们更像是计划人（Homo Prospectus）——我们不是由过去的经验决定，而是由未来召唤。他认为，很多心理学研究的根本问题其实都与未来认识有关，例如人的主观性反映的是每个人对未来的想象不一样、意义判断不一样、价值观不一样，所带来的分析和行为不一样。人的自由意志无非是我们期望、模拟、比较将来的各种可能性，然后在这些不同的可能性中做出选择。人类的大脑最大的用途并不是用来判断过去信息的对或错，而是让人思考如何去说服和影响别人，从而形成良好的社会关系。

① 史蒂芬·平克是当代著名思想家、语言学家和认知心理学家，他的作品《语言本能》是一扇了解语言器官、破解语法基因、开启人类心智的大门。该书中文简体字版已于 2015 年由湛庐文化引进、浙江人民出版社出版。——编者注

他的研究发现，心理健康问题不仅仅是对过去问题的一种困扰和纠结，也是对现在或未来的困扰和纠结。所以，那些经常憧憬未来的人的身心更健康，学习习惯更好，成绩更好，不良习惯更少（抽烟、酗酒、吸毒的行为都较少），锻炼更多，更想存钱，有投资。有意思的是，他还发现，健康、年轻、富有的人喜欢谈未来，年老的人和有病的人则喜欢谈论过去。

因此，积极心理学是未来导向，它和弗洛伊德的精神分析学说、原生家庭原罪学说、出身论等学说有很大的区别。

## 积极心理学，带着心灵温度的科学

我们说塞利格曼是积极心理学之父，并不是说他的观点以前没有人提过。人本主义大师亚伯拉罕 · 马斯洛（Abraham Maslow）第一个提出了积极心理学这个概念，并以爱因斯坦和梭罗等心理健康人士来代表心理健康的人。亚伦 · 贝克（Aaron T. Beck）普及了认知行为疗法，它提供了基于证据的策略来对抗灾难性思维。

积极心理学是一门贴近普通民众的科学。因为一般的知识精英，包括我的心理学同事们，其实曾经在某种程度上，在某一个阶段，在心底都不是特别看得起这门新兴的学问。也有不少积极心理学的批评者经常说，积极心理学说的都是一些常识性的格言，和典型的心灵鸡汤有什么区别？我们真的需要心理学家告诉我们要快乐、要活在当下、要锻炼吗？这些道理，连健身教练都可以说得头头是道。这些所谓的积极心理学家真的就比健身教练更懂健康吗？

这当然是这门新兴学科面对普罗大众时绕不开的一个问题。在中国推广积极心理学 10 多年的亲身经历让我发现，那些需要心理学家关怀的有心理问题的人，那些每天努力工作但感觉“压力山大”的上班族，那些被无聊的工作、没有感情的婚姻、没有意义的娱乐等烦恼所困所累的芸芸众生，真的是需要积极心理学的。因为积极心理学是研究如何给人们希望的科学，是研究如何让人们走出人生冰河的科学。它是科学，是温暖的科学，是带着心灵温度的科学，是有着丰富人文关怀的慈悲的科学。这门学科对人类美好生活的向往与它对美好生活的表达一样激动人心，一样充满感情。所以，很多人会误认为积极心理学是心灵鸡汤。但事实上，两者最本质的区别在于：心灵鸡汤味道挺好，我们却不知道里面是对人没有太大益处的鸡精添加剂，还是真的炖了几个小时的鸡肉；而积极心理学是科学，每一项看似心灵鸡汤的结论都有着严谨的科学实证支撑，并经历了岁月与文化的种种检验。而这些，也是人类 2 000 多年以来的哲学所推崇的纯逻辑式的演绎法所提供不了的事实证明。

心理学，是经验主义的科学，它不接受没有实践，仅凭感受与想象，甚至是仅凭逻辑推理出来的结论。因为心理学在本质上从来都相信，并且只相信一种科学伦理，那就是只有那些能够被验证的假设才可以被认为是某种事关人类的事实。心理学也正一往无前地走在用科学方法为传统哲学中提出来的反思提供证实与证伪的路上。

2019 年 7 月 19 日，第六届世界积极心理学大会在澳大利亚墨尔本市国际会展中心开幕。人们用澳大利亚传统乐器演奏着悠扬的旋律，欢迎来自世界各地的 1 500 名积极心理学家。在开幕式上，塞利格曼教授进行了主旨发言。他在发言中提到：在人类进化的历程中，有四次伟大的心智革命，积极心理学的发展恰好顺应了这第四次心智革命。

第一次革命大约发生在 3 000 多年前。这次革命让人类首次意识到自己的思想和智慧其实比力气和凶狠更有生存价值。

第二次革命大约发生在公元前 800 年至公元前 200 年之间。人类对世界的思考正式开始摆脱神的旨意而经由理性展开对世界与人性的全面理解。

第三次革命发生在 19 世纪初至 2000 年。这是一个科学与知识大规模发展的时代，覆盖了各个知识领域，如自然科学、社会科学、哲学、伦理学、文学、教育学等。它强调不受束缚、不加批判地使用理性，勇于质疑权威与传统教条，朝个人主义发展，强调人类的进步观念，促进了资本主义和社会主义的发展。这一次革命的成就是巨大的：近 200 年之间，人类赤贫人口的比例大幅下降，识字率上升，女性选举权得到发展，现代科技还让人类的死亡率下降、寿命延长、工作效率提高、福利得以改善。

第四次革命正在进行中。20 世纪 90 年代冷战结束后，人类的生存环境得到了很大的改善，但是物质生活的改变并没有改善人类的心理状况。抑郁症、焦虑症以及愤怒、自杀等的发生概率依然很高。因此，改善人类的心理体验已经成为世界人民的共识——联合国宣布每年的 3 月 20 日为“国际幸福日”就是为了呼吁世界各国政府和人民关注人类的心理健康和幸福生活。

在《历史的起源与目标》(*Vom Ursprung und Ziel der Geschichte*)一书中，德国思想家卡尔 · 雅斯贝斯（Karl Jaspers）第一次将公元前 800 年至公元前 200 年之间，尤其是公元前 600 年至公元前 300 年之间，在北纬 25 度至 35 度区间所发生的人类精神文明的重大突破称为“轴心时代”。那一时期，在古希腊有苏格拉底、柏拉图，在古代以色列有犹太教的先知们，在古印度有释迦牟尼，在中国有孔子、老子……他们提出的思想原则塑造了不同的文化传统，并一直影响着人类的生活。那个时期，也就是塞利格曼认为第二次心智革命发生的时期。

塞利格曼还认为，第四次心智革命正在发生的现在，或许即将进入人类精神文明的第二个轴心时代。这第二个轴心时代与第一个轴心时代的区别主要体现在人类心理需求的三大变化上：从减轻痛苦到创造幸福，从自我主义到集体主义，从过去导向到未来导向。而积极心理学在很大程度上可以为这第二个轴心时代提供理论指导。

塞利格曼让身在中国的积极心理学同行们坚定地相信：积极心理学并不是横空而来的，它是人类文明进步的选择，是科学发展的前沿学科，也有助于增强人类命运共同体意识。我们的先辈们已经在第一个轴心时代引领了世界，处于第二个轴心时代的我们也应不甘人后，大步向前！

伟大的人之所以伟大，是因为他能够开创一项伟大的事业。塞利格曼对人类第二个轴心时代的憧憬，正是推动人类从思想启蒙向积极的科学心理启蒙的宣言，成为感召新人类的铿锵的倡议书！

这也许就是“塞利格曼幸福经典”系列图书出版的真正意义：让我们一起走向人类第二个伟大的轴心时代。这一次，参与者是全人类。

2020 年 8 月<br>清华大学双清苑

推荐序 2

# 幸福可以学来，幸福可以到永远

任　俊　博士
浙江师范大学心理学系教授
国际积极心理学学会理事

## 当代心理巨匠

1964 年，他是宾夕法尼亚大学心理学系的一名博士研究生，在一次失败的动物行为实验中，他发现并证明了心理“习得性无助”的存在，从而轰动了整个心理学界。

1976 年，他破格晋升为宾夕法尼亚大学心理学系教授，后来，随着对无助感研究的深入，他发现“乐观”这种优秀的性格品质，也可以通过后天的学习而得，研究方向也逐渐开始从悲观转向乐观。

1998 年，他以史上最高票当选美国心理协会主席。他一针见血地点破了当代心理学发展的弊病，指出心理学不应该只研究人类的弱点和问题，而应该同时关注人类的美德和优势。他大力提倡建立一门研究积极的心理的学科——积极心理学，并为这门新学科奠定了结构体系，他是全世界公认的“积极心理学之父”。

到目前为止，他已出版了 21 本书，发表了 218 篇关于人类动机和人格等方面的文章。

他的名字是——马丁 · 塞利格曼。

## 幸福几代人的书

我一直期盼着有一天能把塞利格曼的著作介绍到中国，而这一天终于来了！把塞利格曼的著作引入中国不仅意味着中国积极心理学的发展，同时也意味着我们又多了些获得灵感和激励的机会。不管我们是因何种动机来阅读塞利格曼的著作的，有一点非常清楚，那就是保持一个积极健康的心态对于我们的事业和成长都极为重要，而塞利格曼的著作恰恰能帮助我们做到这一点。

阅读大师的著作，尤其是阅读心理学大师的著作应该成为我们人生经历的一个重要组成部分，它应该被珍惜。尽管有时候我们可能并不能完全理解大师的全部思想，但过去众多的事实证明，这种经历是最有价值的经历之一。当你阅读完塞利格曼的这套书后，你一定会发现，自己在这个过程中获得了最有意义的收获和成长。当然，这种收获并不仅仅限于知识，更重要的是做人和生活。

除了引人注目的学术成就，塞利格曼博士还特别擅长将深奥的心理学研究与大众的日常生活融合在一起，无论是演讲还是撰写专栏，他都能信手拈来且生动有趣，深受听众或读者的喜爱。他的文笔优美生动，他是美国著名的畅销书作者。

### 《真实的幸福》——让你充满能量

这本书以一种通俗而不失科学严谨的方式告诉人们，什么是真正的幸福，怎样才能变得更幸福。其实，真正的幸福来源于你对自身所拥有的优势的辨别和运用，来源于你对生活意义的理解和追求，它是可控的。如果你想变得更幸福一些，不妨照着塞利格曼博士的建议来试试：改变对过去的消极看法，重视当下的积极体验以及对未来的积极期望。

### 《活出最乐观的自己》——教你永远乐观

塞利格曼博士用大量令人信服的实验和调查证据告诉人们：乐观的人能在逆境中更好地成长，也更容易走上成功之路！不过，如果你天生是一名悲观主义者，你也不用沮丧，因为书中肯定地指出：乐观是一种可以掌握的技巧！如果需要的话，你可以运用塞利格曼博士推荐的一种有效方法来改变自己悲观的生活态度，这种方法就是学习乐观的 ABCDE 技术。

### 《认识自己，接纳自己》——做出最明智的改变

也许会颠覆你以往的一些深以为然的观点，比如从长远来看，节食实际上并不能减肥；又比如对于酗酒，目前除了让它自然恢复，还没有其他更有效的方法来改变这种状态等。你从这本书中可以清楚地知道自己哪些方面是可以改变的，而哪些方面却无法改变，是自己必须接受的。塞利格曼博士从改变的可能性和生物局限性出发，帮助你把有限的时间和精力集中在那些能够改变的特性上，并在此基础上找到一条自我提升的最有效途径。

### 《教出乐观的孩子》——塑造孩子的幸福

对为人父母的读者来说，这可谓一本实用指南。在这本书里，塞利格曼博士用他亲身的实践和经历，为家长们提供了一条培养孩子积极品质的捷径。看了这本书，你会成为好爸爸好妈妈。比如当你的孩子犯错的时候，对他的批评应该恰如其分，要让孩子明白自己错在哪里；当你的孩子有了某种问题而需要改变时，不要把这些问题夸大成为永久性的问题。因为，批评和

改变都是一种技术，它们有自己的规律和特点，不当的批评很可能会影响孩子成年后的人格特征——悲观或是乐观。

最后，祝愿所有读者都能拥有真正幸福的生活，而这也正是塞利格曼博士为之奋斗一生的事业！

2010年秋

引　言

# 乐观，让你过得幸福

最初研究习得性乐观的时候，我一直都以为自己仍在从事对悲观的研究，和所有拥有临床心理学背景的研究者一样，我习惯于关注个体存在的心理问题以及如何矫正这些问题，至于个体身上所具有的那些积极品质以及如何使这些品质变得更好，并不在我的研究范围之内。

## 积极心理学的坐标

不过与理查德·派因（Richard Pine）在1988年的一次会晤使我的学术生涯发生了重大转变，这好像是命中注定的一样，理查德最终成了我的文稿代理人、顾问和挚友。我当时向理查德介绍了我的悲观研究，而他却说“你的研究内容不是关于悲观的，而是关于乐观的”。

他对我说了让我吃惊的话：“我希望你可以写一本关于乐观的书，它一定会产生重大影响！”我真的这样做了。随后一场重要的心理学运动出现了：积极心理学运动。1996年，我当选为美国心理协会的主席，获得了有史以来最多的票数，这在很大程度上要归功于这本书，以及这个主题所延伸出的研究领域及其价值。

《活出最乐观的自己》一书是我所设想的积极心理学的基础，它是引导积极心理学运动发展的坐标。

## 为什么越来越抑郁

我的整个职业生涯都在从事无助感和扩大个人控制方法的相关研究，正如你将在第 4 章和第 5 章中所看到的那样，大部分发达国家正经历着一场空前的抑郁流行病——尤其在年轻人中间。为什么越富裕、越强大、书籍越多或教育越发达的国家，抑郁却越流行呢？

现在有三股力量聚集在一起，我想强调一下第三股，因为它是最令人惊讶，也最不可思议的。本书在结尾部分对其他两股力量进行了讨论。

第一股力量是“自我”的失常。当下个人主义猖獗，人们越来越相信自己是这个世界的中心，在这个信念系统的支配下，人们所面临的失败常常会使人变得极度沮丧。

第二股力量注重“我们”，这在一定程度上可以使个人的失败得到缓冲。在过去的几十年里，人们对之前所依赖的精神居所的信任已经被侵蚀了，那些精神居所似乎已经变得有些陈腐了。

我想要强调的是，自尊运动就是第三股力量。我有 5 个孩子，他们的年龄在 4 ～ 28 岁，所以，为了这一整代人的发展，我每晚都阅读儿童书籍。我亲眼见证了儿童书籍的日新月异。以前，儿童书籍多是关于如何很好地适应这个世界、如何坚持到底、如何克服障碍的，而现在的许多儿童书籍却都是关于感觉良好、高度自尊、高度自信方面的内容。

这是自尊运动所导致的结果之一。我不是反对关注自尊，而是认为自尊只是一个能呈现个人状态的刻度表而已，自尊本身并不是终点。

当你在学业或工作上表现良好时，当你与所爱的人相处融洽时，当你的娱乐生活很美好时，这个刻度值就会很高；当你做得不好时，它的刻度值就会很低。自尊似乎只是一种表征，反映一个人在这个世界上表现得如何。

一部分高自尊的孩子脾气很烈。当这些孩子遭遇真实世界时，世界会告诉他们，他们并不像被教导的那样强大，于是，他们会表现出暴力行为。因此，如今美国年轻人中间出现了双生流行病——抑郁和暴力。这可能都来自不恰当的观念：高度重视年轻人如何看待自己，而不重视如何评价自己在这个世界上的表现。

如果宣扬自尊不是控制抑郁流行的有效方法，那么我们该怎么做呢？我和同事一直以来都在进行宾夕法尼亚大学的两个研究项目：一个是有关年轻人的——宾夕法尼亚大学新生；另一个是有关青春期以前儿童的。

我们的研究选取了有患抑郁症危险的年轻人，教授他们学习乐观的一些技巧，这些技巧你在本书的第 11 章到第 13 章中都可以读到，由此检验我们是否能预防抑郁症和焦虑症。

经过 18 个月的训练，我报告了第一批结果，包括 119 名控制组被试和 106 名参加 16 小时习得性乐观工作坊的被试的数据。控制组有 32% 的学生存在中度至重度抑郁情绪，而相比之下，参加工作坊的学生中只有 22% 存在抑郁情绪。焦虑症方面也出现了类似结果。

近来，我和同事推出了有关各个年龄段学龄儿童的习得性乐观项目。

1. 经过 20 年的追踪研究，我们发现存在中度至重度抑郁症状的孩子的比例令人震惊（20% ～ 45%）。

2. 参加乐观工作坊的孩子中出现中度到重度抑郁症状的比例只是控制组的一半。

3. 习得性乐观的益处随着时间的流逝慢慢表现出来。当控制组儿童进入青春期，第一次遭到社会的拒绝时，控制组在 24 个月里有 44% 的孩子出现了中度至重度抑郁症状，而学习了乐观技巧的孩子只有 22% 出现中度或重度抑郁症状。

如果在青春期之前、儿童期末期教导孩子习得性乐观，那他们就能学会反思自己的思维方式，这是一种富有成效的策略。当有免疫力的孩子利用了这些技巧来应对青春期的首次否定后，那么他们在未来就会越来越好地使用这些技巧。

抑郁的流行不能通过百忧解来解决，因为我们无法给予整代人抗抑郁药物。抗抑郁药物在青春期以前是没有任何效果的，让一整代人依赖药物控制自己的情绪存在着严重的道德伦理危险。我们也不能对一整代人进行治疗，因为没有数量足够且训练有素的治疗者可以完成这项工作。

我们所能做的便是提供本书中的技巧，并把它们转换成不同的教育模式，从而帮助人们克服生活中的抑郁以及孩子生活中的抑郁。乐观的作用是无法估量的，只要怀揣着对未来的积极信念，你一定可以过得更幸福。

第一部分

# 什么是悲观，什么是乐观

Learned Optimism

How to Change
Your Mind and Your Life

第 1 章

# 悲观者与乐观者的画像

悲观是可以改变的，
悲观者可以通过学习成为乐观者。

## 身边的悲喜故事

初为人父的爸爸看着刚从医院抱回来、在摇篮里熟睡的女儿，心中充满了敬畏与感恩，他的女儿是如此完美。婴儿睁开了眼睛，凝视着上方。这位爸爸叫着婴儿的名字，以为她会转头过来看他，但是婴儿的眼睛一动不动。

他拿起摇篮边的小铃铛，用力摇响，婴儿的眼睛还是没有转过来。他的心跳开始加速，他赶紧跑到卧室，把这个情况告诉了他的妻子。“她对声音完全没反应，她好像听不到。”

“我想她应该没事……”他妻子披上睡袍来到婴儿的房间。

她叫着婴儿的名字，摇着铃铛，拍着手掌——都没反应。最后，她把婴儿抱了起来。一抱起来，婴儿立刻扭动起来，嘴里发出“咕咕”的声音。

“我的天，她是个聋子！”爸爸说。

“她不是，”妈妈说，“我想现在下判断还太早了，她刚从医院回来，她的眼睛还不能凝视呢！”

“但是即使你很用力地拍手，她的眼睛都没有反应。”

妈妈从书架上抽出一本育儿指南。“看看书上怎么说吧！”她说。她找到“听觉”这一章，念了起来：“如果新生的婴儿没有被突发的响声吓到，或者没有转头看发声的地方，不要担心，新生婴儿的惊吓反射和对声音的注意力要过一段时间才能发育完成。你可以让儿科医生测试孩子的听力，看他的神经有没有问题。”

“怎么样？”妈妈说，“书上的解释让你好过一点了吗？”

“没有，”爸爸说，“这本书没有提到其他的可能性，例如这个婴儿可能是个聋子。我只知道我的孩子听不见声音，对这件事我有最坏的考虑，或许因为我爷爷是个聋子。如果这么可爱的孩子是个聋子的话，那肯定都是我的错，我永远不能原谅自己。”

“喂，等一下，”妻子说，“你未免太快就绝望了吧！星期一一早我们就打电话给儿科医生，把孩子抱去检查一下。现在先放宽心，来，你先抱着孩子，我来把她的小床整理一下。”

这位爸爸虽然接过孩子，但当他妻子一忙完，他立刻把孩子交了回去。整个周末他都无心准备下星期上班要用的文件。他跟着他妻子在屋里走来走去，嘴里咕哝着：“假如这孩子是聋子的话，她这一辈子就完了……”他只想到最坏的可能性：没有听力，不会说话，他的漂亮宝贝将永远被隔绝在社交生活之外，被关在一个没有声音的孤独世界里。到星期天晚上，他的心情已经坠入了最深的谷底。

这位妈妈留言给医生，希望星期一一早去看医生。然后，她整个周末都在运动、看书，并想办法使她先生冷静下来。

儿科医生的检查显示婴儿的听力完好，但是这位爸爸的心情仍然很低落。直到一个星期之后，婴儿被路过的卡车排气管发出的巨响吓到以后，他的心情才逐渐好起来，开始逗弄他的宝贝女儿。

这对父母对这个世界有着截然不同的看法，不管什么事发生到爸爸头上，他都立刻想到最坏的一面：破产进监狱、离婚、被炒鱿鱼，他的健康也因此而受损。妈妈则是另一个极端，看事情都看好的一面，对她来说，坏事只是暂时的，是一个挑战，最终都会被克服。所以遇到挫折时，她可以养精蓄锐，很快恢复，重新出发。她的身体也非常健康。

我研究这种悲观和乐观的人生态度已经 25 年了。**悲观的人认为遇到坏事都是自己的错，这件事会毁掉他的一切，会持续很久。乐观的人在遇到同样的厄运时，会认为现在的失败是暂时性的，每个失败都有它的原因，不全是自己的错，也可能是环境、运气或其他人为因素导致的结果。这种人不会被失败击倒。在面对恶劣环境时，他们会把它看成一种挑战，更努力地去克服它。**

这两种思考习惯会带来不同的结果。无数的研究告诉我们，悲观的人很容易放弃，常常陷入抑郁。这些实验显示，乐观的人在学校的成绩比较好，在工作上和球场上的表现也比较好，他们常常超越能力倾向测验（aptitude test）所预测的上限。乐观的人通常比悲观的人更容易在竞聘中胜出。他们的健康状况一般来说都很好，年纪大时，也不会像大多数人那样有很多病痛。实验证据甚至指出他们比一般人更长寿。

在测验过成千上万的人后，我发现竟有这么多的人是悲观的，还有很大一部分人有严重的悲观倾向。我知道很难判断一个人是否悲观，很多人生活在悲观的阴影下，却并没有意识到自己是悲观的。测验的方法可以从他的谈话中分析出悲观的特质来。事实上，其他人也可以从悲观者谈话中所反映出的消极性来感知他的悲观特质。

悲观的态度看起来好像是根深蒂固的，但我发现悲观其实是可以改变的。悲观者其实可以学习成为乐观者，而且不是通过那些无聊的方式，像吹快乐的口哨或一直重复着“每一天，每一件事都会越来越好”的咒语。他们可以学习新的认知方式，这些方式跟市面上大肆宣传的那些不实的方式不同，是心理学家和精神病学家在实验室和临床医疗中发现的，并且经过了严谨的验证，是确实有效的。

这本书可以帮你检查一下你是否有悲观的倾向。如果你有，或者你关心的人有此倾向，那么，这本书也给你介绍了对很多人都有效的方法，以摆脱这个长期的坏习惯，以及伴随悲观而来的抑郁症。它让你在失败时，有选择光明的机会。

## 无助是我们人生的开始

悲观现象的核心是另外一个现象——无助感（helplessness），所谓无助感是指无论你怎么做都无法改变你的命运。举个例子，如果我说，只要你翻到本书第 104 页，我就给你 1 000 元，你很可能会去做。但是，如果我说，只要你可以用意志力去收缩你的瞳孔，我就给你 1 000 元，你可能也想去做，但不会成功，因为你无法收缩瞳孔。对收缩瞳孔这件事，你就是无助的。

生命一开始就是无助的。初生的婴儿无法做任何事，几乎所有的行为都是反射行为，虽然他一哭妈妈就会来，但这并不表示他控制了妈妈来不来的行为。他的哭只是对痛苦或不舒服的一个反射反应，他对要不要哭完全没有选择的余地。初生婴儿只有一个行为勉强算得上可以自主控制——吸吮。人生快要走到尽头时也常常又回到这种无助的阶段，我们可能会失去行走的能力，可能会失去自两岁以来就有的控制大小便的能力，可能会失去使用语言的能力，甚至可能会失去思考的能力……

从出生到死亡，我们逐渐脱离无助而习得了个人控制（personal control）。个人控制指的是用自主的行为去改变命运，它和无助感是相反的。在婴儿期的头 3 ～ 4 个月，随着婴儿手和脚逐渐变得可以自主控制，父母就会发现：婴儿的哭也变成可以自主控制的了，他现在可以用哭来控制妈妈，要她来时就大哭。到婴儿 1 岁时，他已实现了自主控制的两个奇迹：走出第一步和说出第一个字。假如这个孩子具备最基本的心理和身体发展条件的话，在以后的数年里，他会逐渐地摆脱无助感，让个人控制能力成长起来。

人生有许多事是无法由我们控制的，比如眼睛的颜色、种族、美国西部的干旱。但是，人生还是有一大部分是我们可以控制的，包括我们如何生活，如何跟别人相处，如何谋生。

对生命的想法其实可以提升或降低我们对生命的控制力。我们的思想其实不仅仅是对事件的反应，它还会改变事情所在的情境。例如，如果一个人认为自己对孩子的未来发展是无助的，发挥不了任何影响，那这种“我怎么做都没用”的思想就会阻止人们采取行动，所以人们就把自己的孩子交给了老师、环境，甚至是孩子的同伴。当人们高估了自己的无助感时，其他力量就会左右孩子的前途。

在这本书的后面，我们会看到如果仔细地权衡，轻度的悲观是有用的。但是 25 年的研究使我相信，习惯性的悲观想法会使更多不顺利的事降临到我们头上。而且这种想法会使我们很容易陷入抑郁状态，使我们不能发挥出原有的能力。悲观的预言常常是自我实现的。

一个最好的例子就是我以前教书的那所大学里一名英国文学系的女生。前三年，她的指导教授非常关心她，爱护她，老师的支持加上她自己的优秀使她得到了奖学金，可以去英国进修一年。当她回来时，她的研究兴趣从狄更斯转移到了英国早期的小说家，尤其是简 · 奥斯汀。研究狄更斯是她原来指导教授的专长，而研究简 · 奥斯汀是另一位教授的专长。她的指导教授本想说服她继续研究狄更斯，但说服不成后也接受了她的坚持，让她以简 · 奥斯汀作为毕业论文研究方向，并且同意与另一位教授共同指导她。

在她答辩前，她原来的指导教授给答辩委员送了一张条子，指责这位女生论文抄袭。他指控这位女生引用了两段论述简 · 奥斯汀少年时期创作的文章，却未注明出处。抄袭在学术界是很严重的罪名，这位女生的奖学金，她大学能不能毕业，甚至她的前途，都会受到严重的影响。

当她看到教授指责她抄袭的那两段时，她回想起来这两段论点都是她从与这位教授的闲谈中得到的。事实上，这位教授从来没有提过他在哪本书上得到这样的看法，这让这位女生以为这些看法来源于教授自己。很明显，这位女生成了她老师嫉妒心的牺牲品。

大多数人遭遇此事都会感到愤怒，会找证据来证明自己是无辜的，但是这位女生不会。她悲观的思维习惯主宰着她，她认为答辩委员会的委员一定会认为她有错。她告诉自己，她没有办法举出反证，因为这件事变成了她和他的对抗，而他是教授。她不去找证据来反驳教授，而是从内心崩溃了，她认为都是自己的错，即使她能证明这位教授是从别人那里得来的看法也没有用，最主要是她“偷”了这个看法，因为她没有注明这个看法来源于教授。她认为自己的确有欺骗之嫌，说不定她一直都是个骗子，只是自己以前未发觉罢了。

现在看来，我们会觉得她这样责怪自己很不可思议，因为她显然是无辜的。但是研究指出，有悲观思维习惯的人常常会把一点不顺利转变成大灾难。其中一种方式就是把自己的无辜转变成有罪。这位女生在脑海中拼命去搜索符合她现在罪名的记忆：她初中一年级时曾抄过同学的答案；在英国时，有人误以为她来自有钱人家，而她没去纠正；现在是论文“抄袭”。她在论文答辩时保持了沉默，以至于没有拿到学位。

这个故事并没有一个好的结局。在后来的 10 年里，她以当售货员为生，不再写作，甚至不再读书，她到现在还在为自己认为的罪过付出着代价。

她其实并没有罪，只是有着人类的通病：习惯性的悲观思维模式。如果她对自己说“我是被陷害的，是那个嫉妒我的人设计圈套来害我的”，那她可能会站起来大声说出自己的故事，为自己辩白，而这位教授以前曾经因为类似事件而被另一个学校解聘的事也会浮出水面，她很有可能荣耀地毕业。

悲观的思维模式不一定永远不能改变。心理学在过去几十年最显著的发现就是：人可以选择自己想要的思考模式。

## 我们不再是环境的傀儡

心理学以前是不关心人的思维模式的，也不关心个人的行为，甚至不关心个人。25 年前，当我还是研究生时，人的行为被假设为环境的产物，对人类行为最流行的一个解释就是：人受其内在动机的“推”和受外在事件的“拉”。虽然推、拉的细节依你我所持的理论而有所不同，但整体来说，当时所有的理论都同意这个看法。弗洛伊德派认为，童年期未曾解决的冲突促成了长大后某些行为的出现；斯金纳的信徒认为行为只有在强化的情况下才会出现；生态学家认为行为来自固定的行为模式，而这个行为模式是由基因决定的；赫尔（Clark Hull）派的行为主义者则认为人的行为是为了减少紧张及满足生理需求。

从 1965 年起，这种解释开始急速改变，环境对行为的影响变得越来越不重要，四种不同的想法汇集成一种自我导向而非外在力量驱使的人类行为解释法。

- 1959 年，乔姆斯基（Noam Chomsky）写了一本书，严厉地批评了斯金纳的《语言行为》（*Verbal Behavior*）一书。乔姆斯基认为人类的行为，特别是语言，绝对不是强化所能解释的，语言最重要的一个特点就是它的衍生性，人们能够马上理解一个从来没有听过或说过的句子。
- 皮亚杰这位伟大的瑞士儿童发展学家，终于说服了全世界——儿童心理的发展是可以用科学的方法来研究的。

- 1967 年，奈瑟（Ulric Neisser）的《认知心理学》（*Cognitive Psychology*）出版后，一个新的领域抓住了从行为主义教条中逃出来的年轻实验心理学家的心。认知心理学认为人类的心智活动是可以测量的，我们可以通过研究电脑信息加工的模式，来研究人类的心智活动。
- 新行为主义学派的心理学家发现人类和动物的行为只用驱使和需求来解释是不够的，他们开始将认知，即思维模式加入原有的理论中，以解释复杂的行为。

所以，心理学的主要理论在 20 世纪 60 年代后期从环境的力量转移到个人的期待、喜好、选择、决策、控制以及无助感上。

这个心理学领域的大改变也密切地影响着我们的心理改变。从历史的角度来说，由于科技的进步，人们第一次有了选择权，可以对自己的生活有所控制，人们开始改变环境而不再受制于环境。我们的社会正给予它的成员前所未有的权利，并把它的成员的痛苦和幸福当作严肃的事，把个人的自我实现当成正当合理的目标，甚至认为是神圣的权利。

## 抑郁的时代，悲观的自我

伴随这些自由而来的是危机。因为自我的时代也是一个跟悲观现象非常接近的时代，而抑郁症就是悲观的终极表现。现在抑郁症正大肆流行。由抑郁症导致的自杀已经夺去了跟死于艾滋病一样多的生命，而且自杀的流行范围远比艾滋病更广。20 世纪 90 年代患有严重抑郁症的人比 40 年代多了 10 倍，女性患病率是男性的两倍，而且发病期比上一代人提早了 10 年。

不久之前，抑郁症也只有两种被接受的治疗法：心理分析法和生物医学法。心理分析法主要依据的是弗洛伊德的理论。弗洛伊德的治疗法其实是基于很少的观察和很多的想象，他认为抑郁症的成因是患者对自己的愤怒。抑郁的人把自己贬得一文不值，而且想去自杀。弗洛伊德认为抑郁症患者在襁褓期就学会了恨自己。在童年期的某一天，母亲暂时离开他，这引起了他被抛弃的感觉。对某些孩子来说，他们会因此而愤怒，但因为母亲是他们深爱的人，他们不能对她生气，所以把怒气转移到自己身上，这就变成了一个具有摧毁力的习惯。从此以后，只要有被抛弃的感觉，他们就对自己生气，而不是对造成这个感觉的祸首生气。憎恶自己、抑郁症、自杀，一个接一个地来了。

从弗洛伊德的观点来说，你无法轻松地摆脱抑郁症，抑郁症是童年期冲突的产物，在防御机制的层层坚冰下保存着。弗洛伊德认为只有打破这些冰冻层才能解决这些远久的冲突，抑郁症的倾向才会减轻。弗洛伊德对抑郁症的治疗法是年复一年的心理分析，患者在治疗师的引导下奋力挣扎，最后找出童年期的心病，对自己的愤怒正本清源。

美国人非常相信这套治疗法，但我认为这种看法是荒谬的。它让患者花几年的时光去回想一些遥远过去的阴暗记忆，以克服目前的一个困难，而这个困难即使不治疗，过几个月也会自己消失。90% 以上的病例都患有断断续续发作的抑郁症，病情时好时坏，发作间隔 3 个月到 12 个月不等，成千上万的患者用这种方法治疗了无数个疗程，而心理分析法对抑郁症几乎毫无疗效可言。

最糟的是，心理分析治疗的理论将病因归结到患者身上。心理分析理论认为，正是这些人性格上的缺陷使他们患上了抑郁症，是患者自己让心情低沉的，是他们自己要将日子过得低迷、毫无生趣，要去自我了断的，因为他们受到自我惩罚的驱使，要使自己过得生不如死。

对于抑郁症，另一个比较能令人接受的疗法是生物医学法。精神科医生认为抑郁症是生理病症，是遗传上的缺陷造成的，或者是由大脑化学物质不平衡造成的。精神科医生用药物和电击疗法来治疗抑郁症，这是一个快速、便宜、效力一般的治疗法。

生物医学法和心理分析法一样，只对了一部分。的确有些抑郁症是由大脑功能不健全造成的，而且有一些的确是遗传得来的。很多抗抑郁药物对抑郁症患者有效，但药效很慢；相比而言，电击疗法的效果比较快。这些治疗法都有副作用，有相当多的抑郁症患者不能忍受这些副作用。此外，也有很多抑郁症患者不是因为遗传而患上抑郁症的，这样，抗抑郁的药物对他们就没有效了。

最糟的是，生物医学的治疗法使患者依赖外界的力量——药物。抗抑郁药物并不会让患者上瘾，患者并不会像抽鸦片那样，抽不着时便痛苦不堪地犯瘾，但治疗成功的患者一旦不再吃药时，抑郁症又会卷土重来。治愈的患者不敢像平常人一样将他现在的快乐归功于自己，他只敢归功于药物。这会造成药物过量，人们不用镇静剂心情就无法平静，不吃迷幻药就看不见美好。一个本来可以靠自己的力量解决的情绪困难，现在变成要靠外力来解决了。

## 成功与健康的关键

传统对成就的看法就如同传统对抑郁症的看法一样。我们的学校、社会都认为成功来自能力和动机。当失败时，通常被认为是能力或动机不足。但失败也可能是在能力和动机都很足，但乐观不足的情况下发生的。

从上幼儿园开始，孩子们就面临着各种不同的能力测验。父母认为这些测验对孩子的前途非常重要，以致不惜花钱请人教孩子如何应对测验。在生命的每一个阶段，我们都逃不过这些测验的筛选。虽然有些能力是可以测量的，但想增加分数却很困难。上个补习班可能会提高一些分数，但是增加的分数并不代表一定具有较高的能力。

动机是另外一回事，它很容易被激发。传教士、布道者可以在一两个小时内把信徒救世的热情煽高到白热化，高明的广告可以激发消费者对一个以前根本不存在的产品产生购买动机，报告会也可以鼓舞员工的士气，但这些热情都是短暂的。没有后续的煽风点火，信徒的热情很快会冷却，消费者对新产品的喜爱很快会消散或被另一个新产品取代，鼓舞士气的报告会也只能提高员工几天或几个星期的士气。

- 假如传统的对成功要素的看法是错的；
- 假如还有第三个要素——乐观或悲观，跟能力和动机一样重要；
- 假如你已经具备了能力和动机，但仍然失败了，只因为你是个悲观者；
- 假如乐观者在学业、事业、球场上都表现得比较好；
- 假如乐观是一个习得的技巧，而且一旦学会了，它就终生跟着你；
- 假如我们可以把这个技巧传授给孩子。

传统对健康的看法就跟传统对天赋的看法一样，存在谬误。悲观或乐观对健康的影响跟身体的生理条件一样重要。

很多人以为健康是受体质、健康习惯等因素影响的。他们认为体质基本上是受基因影响的，但是可以靠后天健康的饮食习惯、持之以恒的运动、定期检查以及注意安全防护来改善健康状况。如果一个人生病了，我们则会认为一定是他的体质不强，健康习惯不好，或者是接触了太多的细菌。

这个传统的看法忽略了决定健康最主要的因素——我们的认知。我们对自身健康的控制，远比我们想象的更重要。请看下面的例子：

- 我们对健康的看法会改变我们的健康状况；
- 乐观者比悲观者较少受到传染病的感染；
- 如果我们是乐观的，那么我们免疫系统的功能就会比较好；

- 证据显示，乐观的人比悲观的人活得长。

## 人人都能学会乐观

**摆脱抑郁症、提高成就以及改善健康状况是习得性乐观的三个最主要的应用，同时它也会带给你全新的自我认知。**

在读完这本书后，你会了解自己的悲观或乐观程度，你也可以测一下你的配偶或孩子的乐观程度。你将知道为什么你会心情不好，常常抑郁，你只是心情低落还是真正的绝望，以及为什么你会一直陷在抑郁中不能自拔。你会明白为什么你既有能力又有动机，但还是失败了很多次。你将学会一套新方法来克服抑郁症并使它不再复发。现在已经有很多证据显示，这套方法可以有利于你的健康。此外，你可以跟你关心的人共享这套新方法。

最主要的是，你对这种个人控制的新学科会有所了解。

习得性乐观不是积极思考方式的威力的再发现。乐观技巧不是来自学校，也不是学着对自己说肯定的话——我们早已发现这种方式毫无用处，重要的是在失败的时候运用非消极的思考方式。习得性乐观的主要技巧是在失败的情境中改变具有破坏性的想法。

大多数的心理学家终其一生都在研究传统领域里的问题：抑郁、成就、健康、为人父母、商业组织等，我则把我的一生都花在创立一个新领域上——一个跨越许多传统领域的新领域。我目睹了许多成功或失败的个人控制个案。

在此举一些看起来互不相干的事例：抑郁和自杀变得很普遍；社会把个人的自我实现当作一种权利；有人很年轻就得了慢性病；有人英年早逝；聪明、爱孩子的父母培养出一群脆弱的、被宠坏了的孩子；用改变思考方式的方法治愈了抑郁症。当别人看这些事例是一堆乱七八糟的杂烩时，我看到的却是一幅完整的图画。

我们从个人控制理论开始。我将介绍两个主要的概念：习得性无助和解释风格，它们是彼此交错的。

**习得性无助是一个放弃的反应，源自“无论你怎么努力都于事无补”的想法。解释风格是你对为什么这件事会这样发生的习惯性解释方式。**它是习得性无助的调节器：乐观的解释风格可以阻止习得性无助，而悲观的解释风格可以散播习得性无助。你在遇到挫折或暂时的失败时，你的解释方式将决定你会变得多无助或多斗志昂扬。你的解释方式其实可以反映出你的心态。

每个人心中都有一个词，“Yes”或“No”。你或许不知道你心中有这么一个词，但是你可以很准确地感知你心中的词是哪一个。下面你就可以测试一下自己的乐观或悲观程度了。

乐观在你的某些生命领域中占有很重要的地位，它虽不是万灵药，但它可以保护你不受抑郁的侵害，可以提升你的成就水平，可以使你的身体更强健，它是一种令人愉悦的精神状态。另一方面，悲观在你的生命中也有它的地位，你在本书中也会发现它的一些积极作用。

假如测验显示你是一个悲观的人，那你还不能就此打住。

悲观跟其他人格特质不一样，它不是固定不变的。你可以学会一套技巧使你摆脱悲观的魔爪，而且你可以学会随时去应用乐观。

第一步是去发现你心中的词是什么，这也是了解人类心智的第一步。在20世纪最后的25年中，学者们已经开始研究自我控制感是如何决定人们的命运的。

## 塞利格曼的乐观课堂

Authentic Happiness

1. 悲观的人相信坏事都是因为自己的错，这件事会毁掉他的一切，会持续很久。悲观的人会认为自己无能为力，就此一蹶不振。

2. 乐观的人在遇到同样的厄运时，会认为现在的失败是暂时性的，每个失败都有它的原因，不全是自己的错，他们不会被失败击倒。在面对恶劣环境时，他们会把它看成一种挑战，更努力地去克服它。

第 2 章

# 悲观者的无助感源自何处

关于失败后能否重新振作，
这不是一种人格特质，
而是可以习得的。

到 13 岁以后，我终于搞清了一个事实。那就是如果父母送我去我的好友杰弗里家过夜，那么家中一定是发生了什么大事。上一次他们送我去杰弗里家时，我发现母亲去医院做了子宫切除手术。这一次我感觉是我父亲出了什么事，因为从那以后，他的行为就变得很怪异。通常他是很冷静、很稳重的，但最近他变得很情绪化，有的时候很愤怒，有的时候又暗自饮泣。

在送我去杰弗里家的途中，他突然深吸一口气，把车停到路边休息。我们坐在车里没有说话，后来他告诉我，他的左半边身体失去感觉，麻痹了一两分钟。我可以感觉到他声音中的恐惧，我吓坏了。

他那时只有 49 岁，正值生命的巅峰期。由于经济大萧条，尽管他是法学院的高材生，但也不敢去冒险找一份高薪的工作，而是选择了公务员的职位。不久前，他终于做了一生中最大胆的决定——去竞选纽约州更高的职位，我为他感到骄傲。

我自己在那个时候也正面临着成长中的第一个危机。秋季开学时，我父亲把我从公立学校转到一个军事化的私立高中，因为这个学校的升学率很高，是奥尔巴尼唯一的好学校，毕业生都可以进入好大学。我进去之后才发现我是全校唯一中产阶级家庭的小孩，其他人都是有钱人家的孩子，我觉得非常孤单，被排斥。

我父亲将车停在杰弗里家的前门，我向他道别，我喉头哽咽，深感不安。第二天破晓我醒来时，莫名其妙地感到惊恐，好像有什么事要发生，我必须赶快回家。我偷偷离开杰弗里家，跑过六条街赶回家，到家时正好看到父亲躺在担架上被抬了出来。我躲在树后偷看，我看到他想要展现出勇气，但我听到他喘息着说他不能动。他没有看见我，也不知道我目睹了他最狼狈的样子。他后来又中风了三次，他完全瘫痪了，从身体到情绪都变得无助了。

他们没有让我去医院看他，转到疗养院后也没有让我去。最后有一天他们终于让我去看他了，当我走进病房时，我可以感觉到他跟我一样紧张，因为他不愿让我目睹他的无助。

我母亲跟他谈上帝和以后该怎么办。

"艾琳，"他悄声说，"我不相信上帝，从今以后，我也不再相信任何事情。我只相信你和孩子，我不想死。"

这是我第一次感受到无助带来的痛苦。然后，我一次又一次地看见父亲处在这种状态中，直到几年后他逝世。他使我走上这条研究探索之路，他的绝望强化了我的研究决心。

在父亲中风后的一年里，我念大学的姐姐常带回一些大学生的读物给早熟的我阅读，在她的鼓励下，我初次接触到弗洛伊德。我躺在后院里的吊床上读他的《梦的解析》，当我读到他说人常常梦到牙齿掉落时，我感到一阵熟悉，我也做过这种梦！更让我感到惊讶的是他对这个梦的解析——弗洛伊德认为梦到牙齿掉下来代表着阉割及手淫的罪恶感，做梦的人害怕他的父亲用阉割的方式来惩罚他手淫的罪恶。我在想弗洛伊德怎么这么了解我！我后来才知道，弗洛伊德是把青少年期常出现的牙齿掉落的梦和在青少年期很普遍的手淫联系在一起，使读者产生似曾相识的感觉。他的解释结合了令人迷惑的可能性以及吊人胃口的暗示。我当时就决定以后要走像弗洛伊德一样的路，提出像他那样的问题。

许多年以后，当我进入普林斯顿大学想成为一位心理学家或精神病学家时，我发现普林斯顿的心理学系没什么名气，它的哲学系却是世界一流的。心灵的哲学和科学的哲学似乎是一体的，直到我拿到哲学的学士学位，我都深信弗洛伊德的问题是对的。但他的解答已经无法让我信服，而他的方法——只凭几个病例观察就做出宏大的假设，让我觉得很糟糕。我这时已经知道了，只有靠实验才能找出合乎科学的因果关系，这个原则应用在像“无助”这种情绪问题上也一样适用，只有找出因果关系才能学会如何去治疗。

## 一动不动的狗

1964 年，我开始攻读实验心理学硕士学位。21 岁的我，腋下挟着全新的学士学位证，兴冲冲地到宾夕法尼亚大学理查德 · 所罗门教授的实验室报到。我非常渴望跟所罗门教授做研究，他不仅是全世界最有名的学习理论专家之一，同时也在研究一个我最感兴趣的课题：他想从严谨的动物实验着手来了解精神疾病的本质。所罗门的实验室在黑尔楼，那是全校最古老、最破旧的一栋楼。当我推开那扇摇摇欲坠的实验室门时，我差点以为它要掉下来了。我看见高高瘦瘦、头差不多全秃了的所罗门教授站在房间的另一端，全神贯注地在想某件事情。实验室中的其他人都在议论纷纷，没有一个人注意到我进来。

他最资深的研究生——非常友善、来自美国中西部的布鲁斯 · 奥弗米埃尔，立刻自告奋勇地跟我解释发生了什么事。

“是那些狗，”奥弗米埃尔说，“那些狗一动不动，不知哪儿不对劲了。如果狗不动，就没法做实验了。”他继续解释说，这些狗在过去的几个星期都在做一个叫作迁移的实验，都经过巴甫洛夫的经典条件反射的训练。每天它们都要接受两种不同的刺激——高频率的声音及短促的电击。声音和电击是成对出现的：先有声音，后实施电击。电击并不强烈，就像冬天用手开门时有时产生的静电那样。实验的目的是检验狗在接受一段时间的刺激后是否会把声音和电击联系在一起。如果它们学会了这个联结，那当听到那个声音，它们就会像真的触电那样感到恐惧。

在狗学会了联结之后，这个实验的主要部分才真正开始。这些狗被放入一个中间被一个矮闸分隔成两半，可穿梭往返的大箱子。实验者要看狗在听到声音后会不会做出跟受到电击时同样的反应——跳过矮闸逃开电击。如果会，这就表示情绪学习也可以迁移到许多不同的情境中。

当然，狗先要学会跳过矮闸以逃避电击。学会这个以后，才能观察如果只有声音时会不会引发它们同样的反应。这个任务对狗来说应该是轻而易举的，它们只要跳过矮闸就不会受到电击。

奥弗米埃尔说这些狗只是躺在地上哀号，它们连试都不试一下。当然，狗不跳闸就没有人能继续做下一步看狗对声音的反应的实验。

当我听着奥弗米埃尔的解释，看着哀号的狗时，我意识到一个远比迁移更重要的事情发生了：在实验的早期过程中，这些狗一定是在无形中学会了无助，所以它们现在才会放弃。这跟声音毫无关系。在巴甫洛夫的经典条件反射实验中，电击与否跟狗本身的动作完全没有关系，在电击时，无论狗叫、跳还是挣扎，电击都不会停止。所以它们得到了这个结论——无论它们做什么都没有用，假如对即将发生的事情没有影响，那又何必去做呢？

我被这件事背后的意义震惊了。如果狗可以学会无益行为背后这么复杂的关系，那么就可以在实验室中研究无助感了。从贫民窟里的穷人到初生的婴儿，再到医院里绝望的患者，无助感无处不在，但目前并没有针对无助感的科学研究。我在心里飞快地盘算：这是人类无助感的实验模式吗？我可以用这个模式来了解它的源头吗？怎么去治疗它？怎么去预防它？什么药物会对它有效？又有哪些人容易变成它的受害者？

## 为了人，应该牺牲狗吗

虽然这是我第一次在实验室中看到习得性无助，但我立刻就知道了这是什么。别人虽然也在实验室中看到了这一点，但是他们把它当作阻碍实验继续的东西，并不认为这个现象本身就值得研究。或许是父亲的半身不遂给我带来了灵感。我后来花了 10 年的时间来说服学术界，这个发生在狗身上的现象是无助；它既然可以被学会，那就可以通过学习来把它消除。

我对这个发现感到异常兴奋，但同时也对其他事感到沮丧。我能像其他研究生一样对无辜的狗施以电击吗？这种电击虽然不足以致命，但至少会给狗带来痛苦。我一向喜爱动物，尤其是狗，因此我不愿意做让它们痛苦的事情。周末时，我去找了以前的哲学老师，虽然他只比我大几岁，但我认为他是个智者。我向他描述了我所看到的事以及它背后的意义，最主要的是我心中的疑虑。

我的教授是研究科学史和伦理学的，他问我：“马丁，你有没有其他方法来解决这个无助的难题？你觉得去研究那些无助的人的个案怎么样？”

我们俩都知道个案研究在科学上是没有价值的。个案研究只是描述患者生活中的一些逸事，它无法带给我们任何因果关系的推论，我们根本不知道个案背后发生的事，因为它是以讲故事的人的视角来叙述的，这个事件一定会被扭曲。只有严密控制变量的实验才能分离出“因”，而有了“因”才能找到治疗的方法。此外，我不可能对人施以电击，因此，只能用狗来做实验了。

“把痛苦强加到动物身上合理吗？”我问道。

我的教授提醒我说，今天人类以及宠物可以活这么久主要是动物实验的贡献，如果没有这些动物实验，小儿麻痹症、天花到今天还会肆意流行。“反过来说，”他继续说道，“科学史上也充满了没有达到目的的实验，这些实验都承诺说要减轻人类的痛苦，但最后都没有做到。”

“我问你两件事。第一，你是否可能在将来为许多人减轻痛苦，而这种痛苦比你现在加在狗身上的要严重得多？第二，你在动物身上得到的结论可以应用到人身上吗？”我对上面两个问题的回答都是肯定的。

我的教授警告我说，科学家常常被自己的野心蒙蔽，忘记了实验的最初目的。他要我做出两项承诺：一旦我发现了我要了解的因果关系，就立刻停止动物实验；一旦我得到了需要进行动物实验才能得到的解答，就要立刻停止所有的动物实验。

## 动物也能学会放弃

我充满信心地回到实验室，认为自己能建立起无助的动物模型，但在众多的研究生中，只有史蒂夫·梅尔一个人认为这个实验是可行的。梅尔在纽约布朗克斯区的贫民区长大，因为成绩优异，所以进入了最好的大学。他知道真实世界中的无助是什么样子，他自己也体验过这种滋味，他独具慧眼，看出这个动物模型值得花工夫去研究。我们设计出一个实验来观察动物是如何学会无助的，我们把这个实验叫作三元实验，因为它需要三组动物一起来做。

第一组动物可以通过自己的努力来逃避电击，它们只要用鼻子去推墙上的一块板就可以使电击停止，因此这一组动物是有控制力的。第二组动物所承受电击的强度、次数与第一组相同，但是第二组动物无论做什么都无法让电击停止。第三组是控制组，不接受任何电击。

在三组动物都经过上述的程序后，我们把它们放入了可以穿梭往返的箱子。按常理，它们应该很快就能学会跳过矮闸来逃避电击。我们的假设是：

第二组狗会懂得它们怎么做都没有用，所以它们会躺在地上承受电击而什么都不去做。

所罗门教授公开表示了他的怀疑。根据当时最流行的行为主义心理学理论，动物或人是不可能学会无助的。所罗门教授在讨论我们这个实验时说："有机体只有在反应能带来奖励或惩罚的情况下，才有可能学会这个反应。在你们设计的实验中，反应跟奖惩无关，它不符合现行学习理论中的任何一个情境，所以不可能发生学习行为。"奥弗米埃尔接着说："动物怎么可能会懂得它们不管做什么都没用呢？动物没有高层次的心智活动，它们可能根本就没有认知能力。"

他们两人虽然持怀疑的态度，但都很支持我们的实验，同时也叫我们不要太快下结论。动物也可能因为其他原因不去逃避电击。

梅尔和我都认为我们的三元实验可以验证这些可能性，因为可逃避组和不可逃避组的动物都有相同程度的压力。假如我们是对的，那么应该只有不可逃避组的狗才会放弃。

1965 年 1 月，我们开始了这个实验。我们把这三组狗都带到可穿梭往返的箱子里进行电击，看它们会不会跳过矮闸。

第一组狗，即可以用自己的行为控制电击的那组狗，在进入箱子后，几秒钟内就发现可以跳过矮闸来逃避电击。第三组，那组未曾接受过电击的狗，进入箱子后，也在几秒钟内发现跳过去就没有电击了。只有第二组，那组认为无论怎么做都无效的狗没有跳，停留在有电击的这一半区域。虽然矮闸很容易跳过去，但它们并没有试着去看看另一边是什么样子。

我们重复了 8 次这个实验，在无助组的 8 只狗中，有 6 只坐在那儿等待电击；而第一组的 8 只狗中，没有一只放弃。

梅尔和我相信只有不可逃避的事件才会使人产生放弃的心态，因为接受相同电击但有控制力的动物并没有产生放弃之心。显然，动物会认识到它们的行为是于事无补的，它们因此而变得被动，不再做任何事。我们的实验结果证明了学习理论的中心前提是错的，即学习只有在行为产生奖励或惩罚时才可能发生。

## 向行为主义宣战

梅尔和我把实验结果写成论文投了出去。令我们非常惊奇的是，《实验心理学杂志》（*Journal of Experimental Psychology*）的主编竟然接受了我们的论文，并把它排在了开卷的第一篇。我们等于是向学习理论学家下了战书，我们两个羽翼未丰的研究生竟敢说行为主义学派宗师斯金纳的理论是错的！

在心理学史上有许多实验可以称得上“关键”实验，梅尔和我当时只有 24 岁，我们却做了这个扭转乾坤的关键实验。60 年来，行为主义学派控制了美国的心理学界。在学习领域，所有的大师都是行为主义学派的学者，尽管行为主义学派的主张显然是牵强的。

行为主义学派的主张就跟弗洛伊德学派的学说一样是违反常识的。行为主义者坚持一个人的所有行为只由他得到的奖励和惩罚决定：被奖励的行为可能会重复，被惩罚的行为则可能被压抑，如此而已。

意识——思考、计划、期待、记忆，不会影响行为。它就像汽车的计速器，不会驱动车子前进，只是反映车子行进的状态。行为主义者认为人类的行为完全受环境的塑造，而不受他内在思想的影响。

现在很难想象一个有智慧的人能接受这种观念，但是自从第一次世界大战结束以后，美国的心理学界就一直被行为主义的教条统治着。行为主义者对人类抱着异常乐观的态度：只要改变一个人所处的环境，就可以改变一个人的行为。假如你抓到一个小偷，你可以通过惩罚他的偷窃行为，奖励他的好行为来改造他。

当欧洲正以人格特质、基因、本能等来解释行为时，美国的心理学家还紧抱着行为由环境决定的主张不放。这就是 1965 年学术界大致的情况。我们认为行为主义者这种只有奖励和惩罚才能加强联结的说法是无稽之谈。举一个行为主义者解释工作行为的例子：人去上班是因为上班这个行为已经被工资（奖励）强化了，而并不是对工资的预期强化了他的反应。行为主义者认为人的心智情况跟他的反应无关。

梅尔和我认为，狗之所以躺在有电的箱子那边不动，是因为它们懂得了它们怎么做都没有用，所以它们预期未来也是如此。

行为主义者无法承认无助的狗是学会了预期，即做什么都没用的想法。行为主义者一直强调动物和人唯一能学的就是行为，它永远不可能学会一种思想或预期。

行为主义者强辩说当狗在接受电击时，一定有某个时候，当它们躺着不动时电击恰好停止，因此狗就把痛苦的停止与它的行为联结了起来，这加强了它们静止不动的反应。所以，狗会坐等电击停止。

反过来看这个强辩，也可以说狗没有被奖励而是被惩罚了，因为一定也有某个时候，当狗躺着不动时电击恰好开始，那么狗就应该因为这个惩罚而压抑它静止不动的反应。行为主义者故意忽略这个逻辑上的漏洞，而坚持狗学会的唯一反应是静止不动。

针对这个强辩，梅尔设计了一个非常聪明的实验。“让我们再做一个实验，让狗经历行为主义者所辩称的每一个阶段，并使它们变得超级无助吧。”他说，“他们不是说狗是因为静止不动而获得奖励的吗？那我们就让狗在静止不动时得到奖励：如果狗静止不动超过 5 秒钟，我们就把电击停掉。”也就是说，我们故意去做行为主义者认为是偶然、意外的那件事。

行为主义者预测：奖励静止不动会造成狗不动。但根据我们的理论，学会控制的狗是不会变得无助的。梅尔设计了一个实验，在第一部分中，第一组狗被称为静止不动组，只要静止不动 5 秒钟，电击就会停止；第二组狗接受电击的次数和强度跟第一组一模一样，只是狗对电源的切断没有任何控制力；第三组是控制组，不接受任何电击。

第二部分的实验是将狗带到可穿梭往返的箱子里，教它们跳过矮闸。行为主义者预期电击时，第一组和第二组的狗都会静止不动，表现出无助的样子，因为两组都曾经在静止不动的情况下得到过停止电击的奖励。行为主义者预测这两组中，第一组，即静止不动组会变得更不动，因为它们的静止不动一直得到奖励，而第二组是偶尔才得到奖励。行为主义者认为控制组不会受到影响。

我们则认为，静止不动组因为学会了自己可以控制电击的停止，所以不会变得无助，当有机会跳过矮闸时，它们会马上就跳。我们预测第二组的大多数狗会变得无助。当然，控制组没有受到影响，一放到往返箱中马上就会逃脱电击。

下面就是这个实验的结果。

> 第二组的大多数狗都躺着不动，如两派人所预测的。控制组的狗也如两派人所预测的，很快就学会了逃避电击。只有第一组的狗，刚刚进入往返箱受到电击时，它们会静止几秒钟，等待电源切掉；当电源没有切断时，它们开始乱窜，到处试试看有没有其他方法可以停止电击。它们很快发现了诀窍，于是就一跃，跳到另一边去了。

当两个学派冲突时，其实很难设计出一个实验让对方哑口无言，但 24 岁的梅尔做到了。我们的发现加上乔姆斯基、皮亚杰的理论以及其他信息加工的观点使得行为主义者全面溃败。

梅尔和我现在知道如何去制造习得性无助了，但我们可以治愈它吗？我们将前面已经学会无助的狗放入往返箱，用手把这些不情愿动的狗拖过来拖过去，越过中间的矮闸，直到它们开始自己动为止。我们发现，一旦它们发现自己的行为对关掉电源是有效的，无助就被治愈了。这种“治疗”百分之百有效，而且具有永久性。

于是我们开始研究对无助的预防，我们发现了一个现象，称之为免疫（immunization）。如果事前学习到行为是有效的，那么这个学习就可以预防无助的发生。我们甚至发现，当这只狗还是幼崽时，就教给它这个方法，最后这只狗的一生始终对无助具有免疫力。这个实验对人类的意义是很大的。

我们已经建立了这个理论的基础，所以按照我许下的允诺，梅尔和我停止了对狗的实验。

## 什么样的人不容易受伤

我们的论文开始定期在期刊上出现，开始面对学习理论学家的怀疑以及严厉的批评。他们的批评都是技术上的或微不足道的，持续了 20 年后，我们胜利了。即使是最顽固的行为主义者也开始教他的学生习得性无助的概念，以及如何做这方面的研究。

最有建设性的研究是把这种习得性无助应用到人类身上。在这方面做得最好的是俄勒冈州立大学的一位日裔美籍研究生，30 岁的唐纳德 · 广户（Donald Hiroto）。广户当时在寻找论文题目，写信来问我们实验的细节，“我想把这项研究应用到人身上，但是我的教授都对这个应用的可能性持非常怀疑的态度”。

广户的实验过程与我们的非常相似，他先将一组被试带入一个房间，把音响的声音开得非常大，让他们想办法把声音关掉。被试试着按控制面板上的各种按钮，但噪声依然如故。没有任何方法可以把声音关掉。另一组被试只要按对了控制按钮的排列组合，就可以把声音关掉。最后一组的被试则没有受噪声的干扰。

然后，广户把被试带到另一个房间，房间里有一个实验箱（shuttle box），当你把手放在实验箱的一边时，就会有很刺耳的声音传出来，把手移到另一边时，这个噪声就停止了。

1971 年的一个下午，广户打电话给我。“马丁，”他说，“我想我们得到了一些有意义的结果。你能相信吗？那些一开始接受不可逃避的噪声的那组人，大多数就坐在那儿忍受，而不会试着把手移到实验箱的另外一边。”我可以感受到广户的兴奋，虽然他尽力保持职业性的语气。“就好像明白他们对噪声是无可奈何的，所以他们连试都不试一下，即使时间、地点、情境都改变了，他们也还是把前面对噪声的无助带到了新的实验情境中。但是，其他的人——那些在第一部分实验里可以关掉噪声以及在控制组的人，都很容易就学会了关掉噪声的方法！”

我感到这可能是这些年的努力所达到的顶峰了。如果人可以因为噪声而学会无助的话，那么真实世界中的人常常经受挫折和打击，他们很可能会学会变得无助。

根据广户的发现，每 3 个人中有 1 个人不会变得无助。在我们的实验中，也是每 3 只动物中有 1 只不会变得无助。在后来的实验操作中，我们制造出许多无助的情境，这些实验都支持了广户的发现。

广户的实验还有另一个有趣的发现：虽然从来没有受过挫折，但 10 个人中也会有 1 个人坐在实验箱的旁边不采取行动，宁可忍受刺耳的噪声。这也跟我们的发现很相似，10 只动物中有 1 只从一开始就是无助的。

我们的满足感很快就被强烈的好奇心取代了。谁很容易放弃，谁又从来不会放弃？为什么？显然，有些人一下子就崩溃了，有些人则不屈不挠，在废墟中重建新生活。

经过 7 年的实验，我们清楚地知道失败后能否重新振作不是天生的人格特质，它是可以学习的。

### 塞利格曼的乐观课堂

Authentic Happiness

1. 动物可以认识到它们的行为是于事无补的，它们因此而变得被动，不再做任何事。我们的实验结果证明了学习理论的中心前提，即学习只有在行为产生奖励或惩罚时才可能发生是错的。
2. 许多无助的实验情境显示，每 3 个人中只有 1 个人不会变得无助。另外，虽然从来没有受过挫折，但每 10 个人中也会有 1 个人一开始就采取放弃的态度。

# 第 3 章
# 悲观者眼中的挫折

对失败的解释风格是一种习惯性的思维方式，
代表了你是乐观还是悲观的。

身边的悲喜故事

有一家大型贸易公司，会计室一半的员工都被解雇了，其中包括娜拉和凯文。他们俩都很不开心，渐渐变得抑郁。几个月以后，两个人都没有勇气去找新工作，也都尽量避免去做报税或其他任何与会计工作有关的事情。解雇这件事让他们很受伤。

两人虽然有很多相似之处，但也有很多不同点。

娜拉仍是一位活泼可爱的妻子，除了与会计有关的事情，她对其他事情依然兴致盎然。她找朋友诉说心事，为儿子张罗生日聚会，并亲手烤生日蛋糕。她依然坚持每个星期去三次健身房，身体很健康。她偶尔去做做美容，整个人看起来比上班时更神采飞扬了。

凯文就不一样了，他完全崩溃了。他不再和妻子去散步，妻子跟他说话时，他也经常像没听见一样。儿子小学毕业了，学校邀请家长参加毕业典礼，但他实在害怕面对儿子同学的家长，所以没有去参加。儿子因此非常失望。他的妻子和儿子知道他不开心，所以常常想办法逗他乐，但现在连金·凯瑞的电影都不能让他笑一下了。不久后，他得了重感冒，休养了一个冬天都没有完全康复。他甚至放弃了坚持了10年的晨跑。

在牛津大学演讲是一件令人胆寒的事，因为牛津的教授太爱挑剔了。1975 年 4 月的一天，许多牛津教授来听一位美国心理学家的演讲，演讲的人以前名不见经传，突然间声名鹊起。这个人就是我。当时我正在伦敦的莫兹利医学院（Maudsley Hospital's Institute）精神科进修，应邀来到牛津谈谈我的研究。

当我在演讲台上整理演讲稿时，我紧张地看了一下底下的听众，注意到 1973 年诺贝尔奖得主、生态学家廷伯根（Nikolaas Tinbergen）坐在那里，从哈佛大学被聘请到牛津大学来担任特聘教授的著名儿童发展学家杰尔姆·布鲁纳（Jerome Bruner）也坐在那里，现代认知心理学的创始人唐纳德·布罗德本特（Donald Broadbent）、世界上最著名的“应用”社会科学家迈克尔·格尔德（Michael Gelder）以及著名的大脑和焦虑专家杰弗里·格雷（Jeffrey Gray）也坐在听众席上。这些人都是我这个研究领域的大师，我感到自己好像是一个演员，被推到台上去表演独白，而底下坐的都是大明星。

我开始讲我的习得性无助研究，我看到底下教授们的反应还可以，有的因我的结论点头，有的因我的笑话微笑，这使我放心不少。但是，前排中间有一个令人望而生畏的陌生人，他对我的笑话没有反应，对我的好几个重要结论都摇头表示不同意。

最后，演讲完毕了，掌声还可以，我松了一口气。通常他们会安排一位教授来做提问者——想不到就是坐在前排摇头的那位。他的名字是约翰·蒂斯代尔，我听说过他的名字，但是不认识他。他是刚从莫兹利医学院心理科升到牛津精神科的讲师。

“你们实在不应该因这个迷人的故事而失去理智，”他告诉听众，“这个理论是完全错误的，塞利格曼先生轻描淡写地带过了一个事实，即有 1/3 的被试不会变得无助。为什么不会？而且有的被试可以立刻再爬起来，从头来过，有的人却永远不能从打击中复原。有的人只有在与他学习到的无助相同的情境下才会变得无助，但有的人在全新的环境下也会放弃。我们应该问这是为什么。有的人怪自己无法躲避噪声，有的人怪实验者给他出了这个无解的难题，为什么？”

许多教授的脸上都浮出困惑的表情，蒂斯代尔尖锐的批评动摇了每一个人的信心。在我演讲前，我对我的研究非常有信心，但现在我觉得我的研究似乎充满了漏洞。

我震惊得几乎说不出话来，我觉得蒂斯代尔是对的，我因自己没有先想到这些问题而感到羞愧。我嗫嚅地说科学就是这样进步的，并且问蒂斯代尔对他提出的问题有无解决之道。

“我想我有，”他说，“但是现在不是讨论的时候，这里也不是讨论的场合。”

我暂时先不说出蒂斯代尔的解决之道，我要请你先做一个简短的测验，它可以让你知道自己是个乐观的人还是悲观的人。如果先知道了蒂斯代尔认为为什么有些人永远不会变得无助，那可能会影响你做这个测验的态度。

## 测测你有多乐观

下面的测验没有时间上的限制。一般来说，这个测验大约要花 15 分钟。你应该先做测验，然后再去看后面的分析，不然你的答案就不准确了。

请仔细阅读每一个情境的描述，并想象你在那个情境下的想法。有的情境你可能从来没有经历过，也可能两个答案都不适合你，这都没有关系，圈出一个最符合你的即可。请不要圈选你认为应该的说法或者对别人来说这样说才比较可接受的选项，一定要选最符合你的想法的选项。

每道题都是单选题。请不要管答案旁边的字母和数字。

## 乐观测试

| | |
|---|---|
| 1. 你所负责的项目非常成功。 | PsG |
| A. 我对手下监督很严。 | 1 |
| B. 每一个人都花了很多心血在上面。 | 0 |
| 2. 你和配偶（男 / 女朋友）在吵完架后和解了。 | PmG |
| A. 我原谅了他。 | 0 |
| B. 我通常是个宽宏大量的人。 | 1 |
| 3. 你开车去朋友家的路上迷路了。 | PsB |
| A. 我错过了一个路口没转弯。 | 1 |
| B. 我朋友给我指路时说得不清楚。 | 0 |
| 4. 你的配偶（男 / 女朋友）出乎意料地买了一件礼物给你。 | PsG |
| A. 他加薪了。 | 0 |
| B. 我昨晚请他出去吃了顿大餐。 | 1 |
| 5. 你忘记了配偶（男 / 女朋友）的生日。 | PmB |
| A. 我不擅长记生日。 | 1 |
| B. 我太忙了。 | 0 |
| 6. 神秘的爱慕者送了你一束花。 | PvG |
| A. 我对他很有吸引力。 | 0 |
| B. 我的人缘很好。 | 1 |
| 7. 你当选了社区的民意代表。 | PvG |
| A. 我花了很多时间和精力在竞选上。 | 0 |
| B. 我做任何事都全力以赴。 | 1 |
| 8. 你忘了一个很重要的约会。 | PvB |
| A. 我的记性有时真是很糟糕。 | 1 |

| | |
|---|---|
| B. 我有时会忘记去看记事本上的约会记录。 | 0 |
| 9. 你竞选民意代表，结果落选了。 | PsB |
| A. 我的竞选宣传不够。 | 1 |
| B. 我的对手人脉比较广。 | 0 |
| 10. 你成功地主持了一个宴会。 | PmG |
| A. 我那晚真是风度翩翩。 | 0 |
| B. 我是一个好主持人。 | 1 |
| 11. 你及时报警，阻止了一起犯罪事件。 | PsG |
| A. 我听到奇怪的声音，觉得不对劲。 | 0 |
| B. 我那天很警觉。 | 1 |
| 12. 你这一年都很健康。 | PsG |
| A. 我周围的人几乎都不曾生病，所以我没被传染。 | 0 |
| B. 我很注意我的饮食，而且每天都保证足够的休息时间。 | 1 |
| 13. 你因为借书逾期未还而被图书馆罚款。 | PmB |
| A. 我看得太入迷，忘记该什么时候还。 | 1 |
| B. 我忙着写报告，忘记去还书了。 | 0 |
| 14. 你买卖股票赚了不少钱。 | PmG |
| A. 我的经纪人决定冒险试试新股票。 | 0 |
| B. 我的经纪人是一流的投资人才。 | 1 |
| 15. 你赢得了一项运动比赛。 | PmG |
| A. 我所向无敌。 | 0 |
| B. 我训练很刻苦。 | 1 |
| 16. 你考试不及格。 | PvB |
| A. 我不像其他考生那么聪明。 | 1 |

B. 我准备得不充分。 0

17. 你特地为你的朋友烧了一道菜，而他连尝都没尝。 PvB

A. 我不是个好厨师。 1

B. 我今天准备得太匆忙。 0

18. 你输掉了一场准备已久的比赛。 PvB

A. 我不是一个优秀的运动员。 1

B. 我不擅长那项运动。 0

19. 你的汽车在深夜的街道上没了汽油。 PsB

A. 我没有事先检查一下油箱里还有多少油。 1

B. 油量计坏了。 0

20. 你对朋友发了一顿脾气。 PmB

A. 他总是烦我。 1

B. 他今天情绪不好。 0

21. 你因未申报所得税而被罚款。 PmB

A. 我总是拖延报税。 1

B. 我今年很懒散，不想报税。 0

22. 你想与某人约会，但被拒绝了。 PvB

A. 我那天状态非常糟。 1

B. 我去约他时，紧张得说不出话来。 0

23. 一个现场节目的主持人从众多的观众中挑出你上台参加节目。 PsG

A. 我坐的位置很容易被选上。 0

B. 我表现得最热情。 1

24. 在舞会上，常有人请你跳舞。 PmG
    A. 我在舞会上很活跃。 1
    B. 那晚我表现得很完美。 0
25. 你为配偶（男 / 女朋友）买了一件礼物，而他并不喜欢。 PsB
    A. 我没有好好花心思去想应该买什么。 1
    B. 他是个很挑剔的人。 0
26. 你在应聘工作的面试上表现很好。 PmG
    A. 面试时我很自信。 0
    B. 我很会面试。 1
27. 你说了一个笑话，每个人都捧腹大笑。 PsG
    A. 这个笑话很好笑。 0
    B. 我的笑话说得很是时候。 1
28. 你的老板没有给你足够的时间去完成那项工作，但你还是按时完工了。 PvG
    A. 我对我的工作很在行。 0
    B. 我是一个很有效率的人。 1
29. 你最近觉得很疲倦。 PmB
    A. 我从来都没有机会休息一下。 1
    B. 这个星期我特别忙。 0
30. 你邀请某人跳舞，但他拒绝了你。 PsB
    A. 我不擅长跳舞。 1
    B. 他不喜欢跳舞。 0
31. 你救了一个差点噎死的人。 PvG
    A. 我会这种急救技巧。 0

B. 我知道在危机时刻该如何处理。 1

32. 你的热恋情侣想要冷却一阵子你们的感情。 PvB

A. 我太以自我为中心了。 1

B. 我冷落了他，花在他身上的时间不够。 0

33. 一个朋友说了一些使你伤心的话。 PmB

A. 他说话总是不经过大脑，冲口而出。 1

B. 他今天心情不好，把气出在我身上。 0

34. 你的老板来找你，要你给他些建议。 PvG

A. 我是这个领域的专家。 0

B. 我很会提出有用的建议。 1

35. 一个朋友感谢你帮助他度过了一段困难的时光。 PvG

A. 我很乐意协助朋友渡过难关。 0

B. 我关心朋友。 1

36. 你在聚会上玩得很痛快。 PsG

A. 每个人都很友善。 0

B. 我很友善。 1

37. 你的医生说你的身体健康状况很好。 PvG

A. 我坚持运动。 0

B. 我非常在意健康。 1

38. 你的配偶（男 / 女朋友）带你去过一个浪漫的周末。 PmG

A. 他需要休息几天。 0

B. 他喜欢去探索新的地方。 1

39. 你的医生说你吃了太多的甜食。 PsB

A. 我对饮食不太注意。 1

| | |
|---|---|
| B. 我不能不吃甜食，它们到处都是。 | 0 |
| 40. 老板指派你去做一个重要项目的主持人。 | PmG |
| A. 我最近刚成功完成一个类似的项目。 | 0 |
| B. 我是一个好项目主管。 | 1 |
| 41. 你和你的配偶（男 / 女朋友）最近一直吵架。 | PsB |
| A. 我最近压力很大，心情不好。 | 1 |
| B. 他最近心情恶劣。 | 0 |
| 42. 你滑雪时总是摔跤。 | PmB |
| A. 滑雪是一项很难的运动。 | 1 |
| B. 滑雪道上有冰。 | 0 |
| 43. 你赢得了一个很有声望的奖项。 | PvG |
| A. 我解决了一个重大的难题。 | 0 |
| B. 我是最好的员工。 | 1 |
| 44. 你的股票现在跌入了谷底。 | PvB |
| A. 我那时不了解股市行情。 | 1 |
| B. 我买错了股票。 | 0 |
| 45. 你中了 500 万大奖。 | PsG |
| A. 我真是运气好。 | 0 |
| B. 我选对了数字。 | 1 |
| 46. 你在放假时胖了起来，现在瘦不回去了。 | PmB |
| A. 从长远来说，节食其实没有用。 | 0 |
| B. 我这次试的这个减肥法没有用。 | 1 |
| 47. 你生病住院，但是没什么人来看你。 | PsB |
| A. 我在生病的时候脾气不好。 | 1 |

B. 我的朋友常会疏忽这类事。 0

48. 商店拒收你的信用卡。 PvB

A. 我有时候高估了自己的额度。 1

B. 我有时候忘了去付信用卡账单。 0

**计分表**

PmB________　　PmG________

PvB________　　PvG________

HoB________

PsB________　　PsG________

B 类总分________　　G 类总分________

G－B________

现在先把测验放一边，在你看完这一章后再来计分。

## 解释风格代表你是否乐观

当蒂斯代尔提出反对意见时，我有一瞬间以为这些年的研究都白做了。我那时并不知道蒂斯代尔的挑战会带给我最想要的——用我们的发现去帮助那些正在受苦、迫切需要援手的人。

蒂斯代尔在他的反驳中承认 3 个人中有 2 个会变得无助，但他强调有 1 个不会，不管什么样的事情发生在那个人身上，他都不会放弃。这真是一个两难的谜，除非有合理的解答，否则我的理论就站不住脚。

在演讲完后，我与他一起离开会场，我问他愿不愿意和我一起工作，建立一个完整的理论。他同意了，所以我们定期见面，讨论他的意见。我问他关于“什么样的人比较容易变得无助，而什么样的人又比较能够抗拒挫折”这个问题的解决方法。蒂斯代尔认为解决之道在于人们对恶劣情境的解释，他认为对情境做某种解释的人容易变得无助，如果教他们改变对情境的解释，也许能有效地治疗抑郁。

我在英国的这段时间，大约每隔两个月就回美国待一个星期。在第一次返回宾夕法尼亚大学时，我发现我的理论在美国也面临一样的挑战。挑战者是我研究组中的两位研究生，琳恩 · 艾布拉姆森和朱迪 · 加伯（Judy Garber）。

她们都曾狂热地追随伯纳德 · 韦纳（Bernard Weiner）。20 世纪 60 年代末，这位加州大学洛杉矶分校的年轻社会心理学家曾经在想，为什么有些人能取得高成就有些人则不能。韦纳的结论是：人们对成功或失败的归因决定了成就的高低，他的理论被叫作归因理论。

这个理论跟当时流行的看法——部分强化效应（partial reinforcement extinction effect，PREE）是相反的。PREE 是学习理论的传统看法，老鼠每按一下杆，你就给它一颗食物作为报酬，这叫作连续强化。如果想让老鼠停止按杆行为（消除），你只需停止给它食物，它再按三四下却没有食物出来，就不会按了。但是，如果一开始就给老鼠部分强化，例如每按 5 次或 10 次才给它一颗食物，那么在消除时，它会按几百几千次才死心。

PREE 在 20 世纪 30 年代使斯金纳成名，使他成为行为主义学派的大师。PREE 虽然对老鼠和鸽子非常有效，但对人却不是很有效。有些人在一开始就放弃了，也有人一直坚持，不轻言罢手。

韦纳认为，那些不放弃的人会认为消除的原因是暂时的（例如机器的线路有问题），之所以会坚持做，是因为他们认为情况可能会改变。而认为消除的原因是永久性的人（例如实验者已经决定不再给我报酬了），很快就会放弃。因此，归因理论假设人类的行为不只受环境的报酬率控制，同时也受个人认知情况左右，即个人对环境的解释。

归因理论对社会心理学产生了很大的影响，尤其是对像艾布拉姆森和加伯这样的年轻学者。这个理论塑造了她们的思考方式，她们用这个理论来看习得性无助理论。当我第一次从英国回到美国，告诉我的同事蒂斯代尔怎么说时，艾布拉姆森和加伯都认为蒂斯代尔是对的，而我是错的，这个理论必须重新修订。

来到宾夕法尼亚大学读研究生后，艾布拉姆森很快就被公认为那几届最好的几个学生之一。加伯因为私人问题从南方一所大学休了学，她自愿不领工资，在我的实验室中工作了许多年。当蒂斯代尔提出挑战后，艾布拉姆森和加伯两人都放下手边的工作，全力与我们一起研究，以使这个理论更能应用到人身上。

在我的一生中，我从来不像别的心理学家那样喜欢逃避批评。我一直对学生强调接受批评的重要性。我有两套讨论内容，第一套是在牛津大学跟蒂斯代尔谈的，主要关于治疗方面，我们谈如何改变抑郁的人对不幸遭遇的解释，从而治疗抑郁症。第二套是跟艾布拉姆森和加伯谈的，主要围绕着精神疾病的病因。

就在那个时期，《变态心理学杂志》（*Journal of Abnormal Psychology*）的主编来找我，告诉我说习得性无助引发了很多反驳的投稿，观点与蒂斯代尔、艾布拉姆森和加伯的很相似。这位主编准备把一期期刊拿来作为双方争辩的战场，问我愿不愿意写一篇文章。我同意了。

我们以韦纳的归因理论为蓝本，但是我们的新理论与归因理论至少有三点不同。第一，我们以人们的解释习惯为焦点，而不是只注意人们对单一失败事件的解释。第二，韦纳认为解释有两个维度——永久性和人格化，我们加上了第三个维度——普遍性。第三，韦纳着重于成就，我们注重精神疾病和心理治疗。

《变态心理学杂志》的这一专题在1978年2月刊出。它登了艾布拉姆森、蒂斯代尔和我的文章，对原始习得性无助理论所受到的质疑做了回答。学术界对它的反应很好。我们继续努力设计了你刚才做的那份问卷，有了这份问卷，解释风格就比较容易测量了。

## 什么样的人会永不放弃

你对发生在你身上的大大小小的不幸事件是如何归因的？有的人很容易就放弃了，他们认为“都是我不好，我注定一辈子倒霉，做什么都没有用”。也有人拒绝向命运低头，他们说“这只是环境使然，厄运很快就会过去，生命中还有许多东西比这件事更重要”。

你对厄运的解释习惯和你的解释风格，不仅仅是你失败时说出来的话，还是一种习惯性的思维方式，是你在童年期或青少年期养成的。你的解释风格表明了你是乐观的还是悲观的。你刚刚所做的测验就是用来测查你的解释风格的。解释风格有三个维度：永久性、普遍性和人格化。

### 永远到底有多远

容易放弃的人相信发生在自己身上的坏事或霉运是永久的，坏事永远会影响自己的生活，而可以抵制无助感的人相信厄运是暂时的。

| **永久的（悲观的）** | **暂时的（乐观的）** |
| --- | --- |
| 我完蛋了。 | 我累坏了。 |
| 节食根本没有用。 | 如果出去吃饭，节食肯定成功不了。 |
| 你总是很唠叨。 | 我一不打扫房间，你就会唠叨。 |
| 我的老板是个混蛋。 | 老板现在情绪不佳。 |
| 你从来不跟我交流。 | 最近，你没怎么跟我聊天。 |

如果你认为厄运是“永远”“从不”的，那你就是悲观型的。如果你认为厄运是“偶然”“最近”的，那你就是乐观型的。

现在回头去看你的测验，先看有 PmB（Permanent Bad，“永久性的坏”）记号的第 5、13、20、21、29、33、42 及 46 题。这些题旨在测查你是否认为不好的事情是永久的。0 分代表乐观，1 分代表悲观。所以，假如你选“我不擅长记生日”，而没有选“我太忙了”来解释你为什么忘了配偶的生日，那你是在用一种比较永久的，也就是比较悲观的原因解释。请将题目右边有 PmB 的分数加起来，将总分写到计分表的 PmB 那一栏。

- 假如你的分数是 0 分或 1 分，那说明你在这个维度上是非常乐观的；
- 2 分或 3 分代表中等乐观；
- 4 分代表平均水平；
- 5 分或 6 分代表相当悲观；
- 假如你的分数是 7 分或 8 分，那本书第三部分对你将非常有帮助。

下面要解释为什么永久性这个维度非常重要，这也是我们对蒂斯代尔的挑战的回答。

失败使人暂时无助，这就像肚子被人狠狠地打了一拳，很疼，但是这个疼会消失。对分数是 0 分或 1 分的人来说，它几乎会立即消失。但对得分为 7 分或 8 分的人来说，这种疼最后会变成一种积怨。即使挫折是微不足道的，他们也可能几天甚至几个月都无法做事。一旦遇到了真正的灾难，他们就会彻底崩溃。乐观的解释风格正好相反，相信好运会持久的人比较乐观。

| **暂时的（悲观的）** | **永久的（乐观的）** |
| --- | --- |
| 今天是我的幸运日。 | 我一向运气很好。 |
| 我很努力。 | 我很有才干。 |
| 我的对手累了。 | 我的对手水平不行。 |

乐观的人将好运归因于人格特质、能力等永久性的因素。悲观的人把好运看成与暂时性因素相关，例如情绪、努力等。

你或许注意到测验中有一半的问题是关于好运的，例如你的股票最近赚了很多钱。请你把标有 PmG（Permanent Good，“永久性的好”）的第 2、10、14、15、24、26、38 和 40 题的分数加起来，并将总分写在计分表的 PmG 那一栏。

- 假如你的分数为 7 分或 8 分，那说明你对好运的持续发生非常乐观；
- 6 分代表中等乐观；
- 4 分和 5 分代表平均水平；
- 3 分代表中等悲观；
- 0 分、1 分或 2 分代表非常悲观。

相信好运是永久的人在他们成功后往往更加努力，而把成功看成暂时的人常常在成功后就放弃了，因为他们相信成功只是侥幸。

## 打击面的大小

永久性是时间上的维度，普遍性是空间上的维度。我们再看看本章开头娜拉和凯文的故事。娜拉和凯文在永久性维度上的分数一样高，他们在这方面都一样悲观。被解雇后，他们都抑郁了很久。但他们在普遍性这个维度上正好相反：凯文认为解雇这件事使他以往的努力都付诸东流，认为自己做什么都不行；娜拉则认为自己只是做会计不行，其他能力还是很好的，她认为自己被解雇是因为某个特殊的原因。

下面是对不好的事情的一些特定或普遍的解释：

| **普遍的（悲观的）** | **特定的（乐观的）** |
| --- | --- |
| 所有的老师都不公平。 | 塞利格曼教授很不公平。 |
| 我是个令人讨厌的人。 | 他很讨厌我。 |
| 书本一点儿用也没有。 | 这本书一点儿用也没有。 |

跟蒂斯代尔在牛津大学散步时，我们将谁会放弃、谁不会放弃这个问题分解成三个部分，并且做了三个预测。

**第一个预测是永久性维度决定一个人会放弃多久。**对厄运做永久性解释的人会有长期的无助，而对同样事件做暂时性解释的人很快就能恢复。**第二个预测是有关普遍性的。**具有普遍性特点的解释风格会在许多不同的情境中造成无助，而特定性的解释风格只会在某些问题领域内造成无助。凯文就是普遍性维度的牺牲者，一点小事都被他看成大难临头。**第三个预测是人格化。**我们将在下一节中谈到。

你是否习惯把事情灾难化？例如在回答第 18 题时，你是把失败归因为你不是一个优秀的运动员（普遍性的），还是归因为你对那项运动不擅长（特定性的）？请你把标有 PvB（Pervasiveness Bad，“普遍性的坏”）的第 8、16、17、18、22、32、44 及 48 题的分数加起来，将总分写在计分表 PvB 那一栏。

- 假如你的分数是 0 分或 1 分，那你是非常乐观的；
- 2 分或 3 分代表中等乐观；
- 4 分代表平均水平；

- 5 分或 6 分代表中等悲观；
- 7 分或 8 分代表非常悲观。

对好运的乐观型解释风格正好和对霉运的解释相反，乐观者认为坏事情的发生是有其特定原因的，而好事情的发生会加强他们对所做的每件事的信心。悲观的人认为坏事情的发生是由于普遍的原因，而好事情的发生是由于特定的原因。当娜拉又被公司找回去做临时雇员时，她想“公司终于认识到没有我不行了”；当凯文也接到回去做临时雇员的通知时，他想的却是“公司现在一定是人手不足才会找我回去的”。

| **特定的（悲观的）** | **普遍的（乐观的）** |
|---|---|
| 我的数学很好。 | 我很聪明。 |
| 我的股票经纪人很懂石油股。 | 我的经纪人很了解股市运作。 |
| 她觉得我很迷人。 | 我很迷人。 |

请为你对好事件的普遍性解释程度计分，看每一个标有 PvG 的题目，即第 6、7、28、31、34、35、37 及 43 题。分数为 0 分的答案是悲观的。当第 35 题问你对朋友感谢你帮助他度过了一段困难时光的反应时，你是回答“我很乐意协助朋友渡过难关”（特定的、悲观的）还是“我关心朋友”（普遍的、乐观的）？请统计你的分数，并将它写在计分表 PvG 那一栏。

- 假如你的分数是 7 分或 8 分，那你是很乐观的；
- 6 分代表中等乐观；
- 4 分或 5 分代表平均水平；
- 3 分代表中等悲观；
- 0 分、1 分或 2 分代表非常悲观。

## 希望与绝望的转换

“希望”常常是传教士、政客、生意人挂在嘴边的话。解释风格的研究就是将希望带进实验室，让科学家可以分析它，找出它有效的原因。

我们是否抱有希望是由解释风格的两个维度决定的：普遍性和永久性。为不幸的事找到暂时的和特定的原因是获得希望的关键。暂时的原因限制了无助的时间，而特定的原因将无助限制在特有的情境中。反过来讲，永久性使无助感延伸到未来，普遍性使无助感扩散到生活的各个层面。为不幸的事找永久性和普遍性的原因是在练习绝望。

| **无望的** | **充满希望的** |
|---|---|
| 我很愚蠢。 | 我没想到。 |
| 男人是暴君。 | 我先生心情不好。 |
| 这肿块 50% 是癌症。 | 这肿块 50% 没事。 |

将这个测验中你的 PvB 分数加上你的 PmB 分数就是你的希望（HoB）分数。

- 假如你的分数是 0 分、1 分或 2 分，那你是充满了希望的；
- 3 分、4 分、5 分或 6 分表示中等有希望的；
- 7 分或 8 分代表平均水平；
- 9 分、10 分、11 分代表中等绝望的；
- 12 分、13 分、14 分、15 分或 16 分代表严重绝望的。

对挫折采取永久性和普遍性解释风格的人容易在压力下崩溃，这种崩溃是长期的，而且是全面的。对你来说，任何分数都没有希望分数重要。

## 都是我的错

最后一个解释风格的维度是人格化。

我曾和一个女人同居过，她把所有错事都怪罪到我头上：餐馆的菜不好，飞机误点，甚至她干洗的长裤的褶没有熨好。有一天她的吹风机坏了，她又开始怪我，我被激怒了，对她说："你是我见过的最会怪罪外界原因的人！"

"是的，"她喊道，"这都是你的错！"

当不好的事情发生时，我们可能会怪罪自己（内在化），也可能会怪罪旁人或环境（外在化）。人在失败时，如果怪罪自己，那代表他们自视很低，认为自己一文不值，没有才干也不讨人喜欢。怪罪旁人的人比较不会失去自尊，总的来说，他们比前者更喜欢自己。

| **内在的（低自尊）** | **外在的（高自尊）** |
| --- | --- |
| 我很愚蠢。 | 你很愚蠢。 |
| 我没有打扑克的天分。 | 我打扑克时，运气不好。 |
| 我没有安全感。 | 我在贫困的环境中长大。 |

请看一下你的 PsB（Personalization Bad，"人格化的坏"）的分数，即第 3、9、19、25、30、39、41 及 47 题。分数为 1 分的答案是悲观的（内在化的或人格化的）。请将分数加起来写在计分表的 PsB 那一栏内。

- 如果你的分数是 0 分或 1 分，那么你的自尊很高；
- 2 分或 3 分代表中等自尊；
- 4 分代表平均水平；
- 5 分或 6 分代表中等低自尊；
- 7 分或 8 分代表自尊非常低。

解释风格的三个维度中，人格化是一个最容易懂且最显而易见的维度。人格化也是最容易被过度重视的维度，它只控制你如何看待自己，即所谓的“自我感觉”。普遍性和永久性则控制着你的行为、你感到无助的持久性以及无助感涉及的层面。

人格化这个维度是最容易作假、最好骗的维度。你可以假装把你的挫折怪罪到别人身上，而如果你是个悲观的人，我要你假装你的问题是暂时性的，是有特定原因的，你就不容易做到了。

下面是在你算总分前最后的一项计分：相信自己带来了好运的人比较喜欢自己，对自己的满意程度远比那些认为好运是别人带来的或是环境造成的人高很多。

| **外在的（悲观的）** | **内在的（乐观的）** |
| --- | --- |
| 完全是运气。 | 我能善加利用好运。 |
| 我队友的技术…… | 我的技术…… |

你 PsG（Personalization Good，“人格化的好”）的分数为第 1、4、11、12、23、27、36 及 45 题分数的总和。分数为 0 分的答案代表了外在化的和悲观的，分数为 1 分的答案代表了内在化的和乐观的。请将你的总分写在计分表上 PsG 那一栏。

- 假如你的分数是 7 分或 8 分，那么表示你很乐观；
- 6 分代表中等乐观；
- 4 分和 5 分代表平均水平；
- 3 分代表中等悲观；
- 0 分、1 分或 2 分代表极度悲观。

你现在可以计算你的总成绩了。首先，将 PmB、PvB 和 PsB 的分数相加，得出你有关不幸事件的分数，填入 B 类总分栏；然后，将 PmG、PvG

和 PsG 的分数相加，得出你有关好事件的分数，填入 G 类总分栏；最后，用 G 类总分减去 B 类总分，就是你的最终得分。下面是分数的意义。

- 如果你的 B 类总分是 3 ～ 5 分，那么你真是一个非常乐观的人；
- 如果你的 B 类总分是 6 ～ 9 分，那么你属于中等程度的乐观；
- 10 ～ 11 分代表平均水平；
- 12 ～ 14 分代表中等程度的悲观；
- 14 分以上表示你需要改变。

- 如果你的 G 类总分在 19 分以上，那么代表你对好运、好事件的想法是非常乐观的；
- 如果是 17 ～ 19 分，那么你属于中等程度的乐观；
- 14 ～ 16 分代表平均水平；
- 11 ～ 13 分表示你相当悲观；
- 10 分之下表示你是极度悲观的。

- 如果你的 G-B 分数在 8 分以上，整体来说，你是个很乐观的人；
- 如果是 6 ～ 8 分，那么你属于中等程度的乐观；
- 3 ～ 5 分代表平均水平；
- 1 ～ 2 分代表中等程度的悲观；
- 0 分或负分代表极度悲观。

## 不是逃避责任的借口

虽然学习乐观有很明显的好处，但它也有危险。难道我要把过错都推到别人身上吗？

我们肯定是要为自己的行为负责的，但是目前有些心理学的教条却使人可以规避责任：邪恶的行为被错误地认为是精神失常；缺乏教养的行为被认为是神经官能症。现在的问题是当人们从内在化改变到外在化时，会不会导致规避责任？

我不愿再加深因回避责任而造成的社会伤害，我并不认为对所有的事情都应该改变想法，怪罪到他人身上。只有在一个情况下应该这样做：在抑郁的时候。我们在下一章会看到，抑郁的人常常把不是自己的错也揽到自己身上，他们常去负不需要负的责任。

## 假如你是一个悲观者

假如你有悲观的解释风格，那么你在以下四个方面会碰到困难。第一，你很容易抑郁。第二，你没有发挥自己的潜能，以你的表现应该可以更好。第三，你的健康状况和免疫机能比较差，而且年纪越大，健康情况会越差。第四，生活中一点情趣都没有，悲观的解释风格让你的生活很灰暗。

假如你的悲观分数处于平均水平，那么你可能在平常不会出现问题，但是在危机发生或受到重挫时，你可能就要付出一些不必要的代价了。当打击来临时，你发现自己比“应该的抑郁”更抑郁，生命的火花似乎熄灭了，你完全丧失了斗志，觉得未来漆黑一片。你会这个样子几天甚至几个月，而你可能已经这个样子好几次了。虽然这种反应很普遍，但这并不表示它是可以接受的或生活必须是这个样子的。假如你采用不同的解释风格，那么你在灾难来临时会准备得更好。

新的解释风格还有许多好处。如果你的分数在悲观的平均值，那么你多半没有充分发挥自己的天分。我们在第 6 章、第 8 章和第 9 章中会谈到，中等程度的悲观会使你在学校的成绩下降，工作表现不好，在运动场上失利。第 10 章会告诉你，即使只是有些悲观，你的健康也会因此而受损。

如果应用第 12 章所说的技巧，那么你就可以进行选择，可以去提高每一天的乐观程度。

## 塞利格曼的乐观课堂

Authentic Happiness

1. 解释风格有三个维度：永久性、普遍性和人格化。普遍性和永久性控制着你的行为、你的无助感的持久性，以及无助感涉及的层面。

2. 人格化控制你如何看待自己以及对自己的感觉。当不好的事情发生时，悲观的人怪罪自己，乐观的人怪罪旁人或环境。当好事情发生时，悲观的人归功于旁人或环境，而乐观的人归功于自己。

第4章

# 从悲观滑向抑郁

悲观的解释风格是抑郁的核心。

## 身边的悲喜故事

我曾有一个学生叫苏菲，她以优异的成绩进入宾夕法尼亚大学，她是班长，也是极出风头的拉拉队队长。她所有的愿望都能实现，不费吹灰之力就能拿到好成绩，男孩子对她有如众星捧月。她是独生女，家境富有，父母非常宠爱她，同学们称她为“黄金女孩”。

但当我再次见到她时，她已不再是“黄金女孩”。当时她念大三，在接受心理治疗，学业和爱情都一塌糊涂，她得了严重的抑郁症。像大多数抑郁的人一样，她没有在第一次遭受打击时就寻求帮助，而是等到一连串挫折累积了好几个月以后才去求医。她说她觉得“空虚”，觉得自己不讨人喜欢，没有才能，没有任何希望。她觉得学校的课程很无聊，整个学术制度对她的原创力来说就是个阴谋，使她透不过气来，而女性主义运动是个无意义的骗人活动。她上学期有两科不及格，完全没有办法开始任何研究计划。当终于坐在书桌前准备做作业时，她又无法决定究竟先做什么，每一科的作业都堆积如山。她对着这些作业干瞪眼了 15 分钟，最后干脆放弃，开始看电视。她与一位退了学的同学同居，当他们发生性行为后，她觉得自己被利用了，以前曾带给她喜悦的性关系现在只会令她对自己更厌恶。

> 她主修哲学，曾对存在主义极有兴趣。她接受了存在主义的教条，认为生命是无稽的，这种想法使她的生活充满了绝望。我提醒她说，她以前是个聪明的学生，是个有吸引力的女人，她听后哭着说："我把您也骗了！"

悲观、消沉的时候，我们会经历一个轻微的心理失常状态——抑郁。抑郁是悲观的放大状态，而了解了悲观，就可以了解它的放大状态——抑郁症。

有些人经历过抑郁，而且清楚地知道它如何蚕食人们的生活。但对有些人来说，可能极少有这样的经验，只有在许多希望同时破灭时才会发生。对大多数人来说，每一次打击都会带来情绪上的低潮是相当熟悉的经历。

全世界几百位心理学家和精神病学家经过 25 年的科学研究，终于对抑郁产生的原因以及治疗方法有了一定的了解。抑郁分三种，第一种是一般性的抑郁（normal depression）。这是大家所了解的一般形态，它来自痛苦和失落。对于有思想、对未来有期待的人类来说，这种痛苦和失落是不可避免的。当遭遇痛苦和失落时，我们会变得很懒散、被动、无精打采。我们不去上班，不去上课，对以前喜欢的活动也提不起劲儿；我们吃不下饭，睡不着觉，不想见朋友，对性也不再有兴趣。

过一阵子后，我们会慢慢变好，这真是大自然神奇的恩赐。这种一般性的抑郁非常普遍，就像心理上的小感冒。我发现不管在什么时候，都有大约 1/4 的人处于这种抑郁状态。

另外两种抑郁分别是抑郁症和躁郁症（即双相情感障碍）。抑郁症没有躁狂症的症状。躁狂症的症状与抑郁症正好相反：患者会无故地极度快乐、狂妄，不停地说，不停地动，自我膨胀得一塌糊涂，好像天下没有他办不到的事。

躁郁症的一端是躁狂症，另一端是抑郁症。抑郁症和躁郁症还有一个差别，那就是躁郁症的遗传概率比抑郁症高很多。如果同卵双生子中有一个人得了躁郁症，那么另一个患病的概率是 72%，但异卵双生子同时患病的概率则只有 14%。碳酸锂对躁郁症患者非常有效，服了碳酸锂后，大约 80% 的躁郁症患者的躁狂症症状都会减轻，也会减少一些抑郁症的症状。

## 各个方面都不对劲儿了

下一个问题就是：抑郁症和一般性的抑郁有关系吗？我认为它们是同一个东西，不同之处在于程度和症状的多寡。被诊断为抑郁症的人往往会被贴上精神病人的标签，而有一般性抑郁的人却不会被视为病人。其实，两者间的差别非常小。

我的看法与大多数医生的看法很不相同。大多数医生认为抑郁症是心理疾病，而一般性的抑郁不是，虽然没有任何证据证明抑郁症不是严重的一般性抑郁，但这种看法还是普遍存在于这个领域。事实上，我认为一般性的抑郁和抑郁症都有思想、情绪、行为和身体上的消极变化，这四种变化被认定的方法也基本相同。

抑郁的第一个表现是抑郁时的思考方式与非抑郁时不一样：抑郁时，对自己、世界及未来的看法都是灰色的。当你抑郁时，一丁点的小障碍看起来都像不可逾越的高山，你相信手指碰到的每一样东西都会变成灰烬，你对为什么你的成功其实是一次失败有着无数的理由。

亚伦 · 贝克是世界上最著名的心理治疗师之一，他有一名患者在抑郁时曾为厨房换过一次壁纸，但患者把这个成就看成一次失败。

**治疗师：**你为什么不把换厨房壁纸看作一个小成就呢？

**患者：**因为我没有把那些花对整齐。

**治疗师：**但是你把工作完成了，对吗？

**患者：**是的。

**治疗师：**是你自己的厨房吗？

**患者：**不是，我帮邻居贴壁纸。

**治疗师：**是他做了大部分工作吗？

**患者：**不是，是我做的，他以前没换过壁纸。

**治疗师：**在贴的过程中发生过什么意外吗？你有没有打翻糨糊？浪费很多壁纸？把厨房搞得乱七八糟？

**患者：**没有，唯一的问题是花没有对齐。

**治疗师：**这些花歪了多少？

**患者（伸出手指比着 3 毫米左右的距离）：**大约这么多。

**治疗师：**每张壁纸都差这么多吗？

**患者：**不是，只有两张或三张没有对齐。

**治疗师：**总共有多少张壁纸？

**患者：**有 20 到 25 张。

**治疗师：**有没有别人注意到这个缺点？

**患者：**没有。其实我的邻居觉得很好。

**治疗师：**如果你退后一点看整面墙，你能看出这个缺点吗？

**患者：**不能。

这位患者把一项做得很好的工作看成失败，因为在他的心中，他不可能做好任何事情。悲观的解释风格是抑郁的核心，对未来、世界和自己的消极看法来自对事件永久性、普遍性及人格化的归因方式。

抑郁的第二个表现是消极的情绪。当你抑郁时，情绪会非常差，可能会哭。本章开头那个故事中的苏菲，在情绪非常低落时，她会早上不起床，在床上一直哭到中午，生命变得非常苦涩，以前喜爱的活动变得毫无吸引力。

抑郁的情绪并不是不可打破的。抑郁症患者通常在刚醒来时情绪处于最低潮，躺在床上想着过去种种的失败，想着今天可能要面临的失败。假如你躺在床上不起身，这些失败的想法就会像一床棉被一样把你包裹着；如果你起床开始一天的活动，通常情绪会变好些。到了下午 3 点到 6 点，你的情绪又会低落下去。晚上通常是一天中最不抑郁的时间，清晨 3 点到 5 点，如果你没睡着，则是情绪最差的时候。情绪在一天中是有所变化的。

抑郁症并不仅仅是悲伤，它同时也包含焦虑和易怒。但是当抑郁症非常严重时，焦虑和易怒就退出了，抑郁者变得麻木而空虚。

抑郁的第三个表现是行为上的。抑郁者有三种行为上的表现：被动、犹豫不决以及自杀行为。首先，抑郁症患者通常无法开始做一件事，除非那件事是例行公事，完全不费力就可以执行。他们也很容易放弃，只要有一点点不顺利就会立刻放弃。其次，抑郁症患者也很难做决定。例如，一个患有抑郁症的学生打电话叫比萨，当人家问他要哪种口味时，他无法回答，沉默了 15 秒后，他把电话挂了。最后，很多抑郁症患者一直想自杀，也试着去自杀。他们的动机不外乎两种：一方面是终止痛苦，生活变得如此痛苦、如此不能忍受，所以他们要终止这种痛苦；另一方面是操纵，他们要找回爱，要报仇，要赢得这场争执。

抑郁的第四个表现与身体有关。抑郁通常伴随着某些身体症状，例如没有胃口，对性不感兴趣。睡眠也会受影响，抑郁者很早就会醒来，在床上翻来覆去，无法再入睡，最后闹钟响了，只得起床。他们不仅抑郁，而且很疲倦。这样日子怎么会过得好呢?

思想、情绪、行为和身体上的消极变化是诊断抑郁的四个标准，但并不一定四者都要有才能被认定为抑郁症。

## 测一测你的抑郁程度

现在请做一下这个应用很广的抑郁测验，它是美国国家心理健康研究所的莉诺·拉德罗夫（Lenore Radloff）设计的。这个测验叫作流行病学研究中心抑郁量表（Center for Epidemiological Studies-Depression，CES-D），里面包含了抑郁的所有症状。请圈出你觉得最能体现你过去一星期心情的选项。

### 流行病学研究中心抑郁量表

在过去的一个星期里：

1. 以前不会担心的事现在开始令我忧心。
   0 很少或没有过（少于 1 天）。
   1 偶尔或很少（1 ～ 2 天）。
   2 有时或大约一半的时间（3 ～ 4 天）。
   3 很多时候或所有时候（5 ～ 7 天）。
2. 我不想吃东西，胃口很差。
   0 很少或没有过（少于 1 天）。
   1 偶尔或很少（1 ～ 2 天）。
   2 有时或大约一半的时间（3 ～ 4 天）。
   3 很多时候或所有时候（5 ～ 7 天）。
3. 即使在朋友和家人的帮助下，我也无法摆脱低落的情绪。
   0 很少或没有过（少于 1 天）。
   1 偶尔或很少（1 ～ 2 天）。
   2 有时或大约一半的时间（3 ～ 4 天）。

3 很多时候或所有时候（5～7天）。

4. 我觉得我没有别人那么好。

0 很少或没有过（少于1天）。

1 偶尔或很少（1～2天）。

2 有时或大约一半的时间（3～4天）。

3 很多时候或所有时候（5～7天）。

5. 我无法集中注意力去做正在做的事情。

0 很少或没有过（少于1天）。

1 偶尔或很少（1～2天）。

2 有时或大约一半的时间（3～4天）。

3 很多时候或所有时候（5～7天）。

6. 我觉得沮丧。

0 很少或没有过（少于1天）。

1 偶尔或很少（1～2天）。

2 有时或大约一半的时间（3～4天）。

3 很多时候或所有时候（5～7天）。

7. 我觉得做每一件事都很费力。

0 很少或没有过（少于1天）。

1 偶尔或很少（1～2天）。

2 有时或大约一半的时间（3～4天）。

3 很多时候或所有时候（5～7天）。

8. 我觉得未来一点希望都没有。

0 很少或没有过（少于1天）。

1 偶尔或很少（1～2天）。

2 有时或大约一半的时间（3 ~ 4 天）。

3 很多时候或所有时候（5 ~ 7 天）。

9. 我觉得我的一生都是失败的。

0 很少或没有过（少于 1 天）。

1 偶尔或很少（1 ~ 2 天）。

2 有时或大约一半的时间（3 ~ 4 天）。

3 很多时候或所有时候（5 ~ 7 天）。

10. 我觉得害怕。

0 很少或没有过（少于 1 天）。

1 偶尔或很少（1 ~ 2 天）。

2 有时或大约一半的时间（3 ~ 4 天）。

3 很多时候或所有时候（5 ~ 7 天）。

11. 我晚上睡得很不好。

0 很少或没有过（少于 1 天）。

1 偶尔或很少（1 ~ 2 天）。

2 有时或大约一半的时间（3 ~ 4 天）。

3 很多时候或所有时候（5 ~ 7 天）。

12. 我很不快乐。

0 很少或没有过（少于 1 天）。

1 偶尔或很少（1 ~ 2 天）。

2 有时或大约一半的时间（3 ~ 4 天）。

3 很多时候或所有时候（5 ~ 7 天）。

13. 我说话比平常少。

0 很少或没有过（少于 1 天）。

1 偶尔或很少（1～2天）。

2 有时或大约一半的时间（3～4天）。

3 很多时候或所有时候（5～7天）。

14. 我觉得很寂寞。

0 很少或没有过（少于1天）。

1 偶尔或很少（1～2天）。

2 有时或大约一半的时间（3～4天）。

3 很多时候或所有时候（5～7天）。

15. 人们对我不友善。

0 很少或没有过（少于1天）。

1 偶尔或很少（1～2天）。

2 有时或大约一半的时间（3～4天）。

3 很多时候或所有时候（5～7天）。

16. 我觉得生活很无趣。

0 很少或没有过（少于1天）。

1 偶尔或很少（1～2天）。

2 有时或大约一半的时间（3～4天）。

3 很多时候或所有时候（5～7天）。

17. 我有时会无缘无故地痛哭。

0 很少或没有过（少于1天）。

1 偶尔或很少（1～2天）。

2 有时或大约一半的时间（3～4天）。

3 很多时候或所有时候（5～7天）。

18. 我觉得很悲哀。

0 很少或没有过（少于 1 天）。

1 偶尔或很少（1 ～ 2 天）。

2 有时或大约一半的时间（3 ～ 4 天）。

3 很多时候或所有时候（5 ～ 7 天）。

19. 我觉得大家都不喜欢我。

0 很少或没有过（少于 1 天）。

1 偶尔或很少（1 ～ 2 天）。

2 有时或大约一半的时间（3 ～ 4 天）。

3 很多时候或所有时候（5 ～ 7 天）。

20. 我无法开始做一件事。

0 很少或没有过（少于 1 天）。

1 偶尔或很少（1 ～ 2 天）。

2 有时或大约一半的时间（3 ～ 4 天）。

3 很多时候或所有时候（5 ～ 7 天）。

这个测验很容易计分，把所有你选定的数字加起来。如果你不能决定而圈选了两个，那就选数字大的那个，最后的分数应该为 0 ～ 60 分。

在解释分数之前，你一定要知道，高分并不代表对抑郁症的诊断。要做诊断还要考虑很多其他因素，例如有这些症状多久了等，必须与心理治疗师或精神科医生面谈后才能决定，这个测验只是告诉你你现在的抑郁程度。

假如你的分数是 0 ～ 9 分，那么你不在抑郁的范围内；假如你的分数为 10 ～ 15 分，那么你有轻度的抑郁；16 ～ 24 分是中度抑郁；24 分以上则可能是重度抑郁。

如果你的分数落在重度抑郁的范围内，或不管是哪个范围，只要你认为自己有自杀念头，我劝你赶快去找心理医生。如果你的分数落在中度抑郁的范围内，请在两个星期之后再做一次这个测验，如果之后分数仍然落在中度抑郁的范围内，也请去找心理医生。

## 抑郁症已成为一种流行病

20 世纪 70 年代末期，美国联邦政府酒精、药物滥用和心理卫生部主任杰拉尔德·克勒曼（Gerald Klerman）博士主持了两项有关美国心理疾病的研究，这两项研究的结果很令人震惊。第一项研究叫作流行病学责任区（Epidemiological Catchment Area）研究，它的目的是找出美国当前有多少心理疾病患者。研究者随机取样，访谈了 9 500 位美国成人。

这项研究访谈人数众多，被访谈者的年龄又不尽相同，因而为我们提供了一个可以长期追踪了解美国人心理健康状态变化的机会。最显著的就是一生中至少得一次抑郁症的人口百分比的变化。

按常理来说，年龄越大，一生中患某种疾病的可能性就越大。在访谈报告出来前，医学统计会认为如果你接受访谈时是 25 岁，即你在 1955 年出生，那你大约有 6% 的机会得一次抑郁症；如果你的年龄是 25 ～ 45 岁，那你的患病率就增加到了 9%，这应该是合理的累积统计。

但结果出来后，统计学家发现了一个很奇怪的现象。1925 年前后出生的人患抑郁症的概率并不是 9%，而是 4%。当统计学家看更早出生的人，即在第一次世界大战以前出生的人时，他们感到更惊讶，因为他们的年龄虽然增加了，但得病的概率却下降到了 1%。

克勒曼主持的另一项研究叫作患者近亲研究，它跟流行病学责任区研究很像，研究者也访谈了许多人，但被访谈者不是随机挑选的，这些被访谈者都有近亲因患有严重抑郁症而住过院。研究人员找了 523 位曾得过严重抑郁症的人，然后找他们的直系亲属进行访谈，共访谈了 2 289 人，访谈的内容与流行病学责任区研究相同。该访谈的目的是看这些亲属是否也曾得过严重的抑郁症，他们是否比一般人得抑郁症的概率更高，以帮助我们了解基因和环境在抑郁症中所扮演的角色。

这项研究也带给了我们一个完全没想到的结果，它显示 20 世纪以来抑郁症患病率上升了 10 多倍。现在抑郁症不仅非常普遍，而且患者的年龄层也降低了许多。整体来说，在美国，抑郁的人比以前更多，而且发病年龄更小了。一个物质上空前富足的国家，它的国民却出奇地不幸福！无论如何，所有证据都足以让我们高呼："抑郁症是一种流行病！"

## 不要轻视你的无助感

在过去的几十年里，我致力于了解抑郁症的原因，下面是我的心得。

躁郁症是身体上的疾病，它的病因是生理上的，可以用药物治疗。有一些抑郁症也是由于生理上的原因，特别是严重的抑郁症，还有些抑郁症是遗传性的。抑郁症可以通过药物来治疗，不过它的药效不如对躁郁症那么明显。

遗传性的抑郁症只是少数。这么多抑郁症患者是从哪里来的呢？我问自己有没有这样的可能性：20 世纪的人体质改变了，使他们更容易患上抑郁症？我想不可能。人类脑内的生化物质或基因不可能在两代之间改变很多，因此，生物学方面的因素不太可能是抑郁症患病率上升 10 多倍的原因。

我怀疑抑郁症的流行是由心理上的原因导致的。但是我该怎样来证明大多数的抑郁症是由心理原因导致的呢?

我现在的难题就是要去建立一个包含抑郁症所有特质的逻辑模型，我必须先建构出一个模型，然后证明这个模型适用于抑郁症。我可以看出习得性无助和抑郁症之间有相似点，但是要说这两个是同样的东西，说实验室中的习得性无助就是真实世界中的抑郁症，则又是另外一回事了。

在 20 世纪七八十年代，全世界有 300 多篇论文在建构习得性无助的模型。最初的模型是用狗做实验，后来老鼠取代了狗，而最后人取代了老鼠。所有实验的结果都非常一致。这些结果直接指认出习得性无助的来源。这个来源是“经验”，被试认为他们不管怎么做都没有用，他们的行为不能带给自己想要的东西，这个经验让他们预期在未来新的环境里，自己的行为也是无效的。

我们可以通过让被试看到自己的行为的确有效，或者教被试改变对失败的原因的看法，来治愈习得性无助。如果被试在无助的经验发生之前就先学到自己的行为是有效的，那么无助是可以预防的。如果孩子学会了这些方法，他以后便会对无助有较强的免疫力。

上面是习得性无助理论发展及趋向完美的过程，但是它可以成为抑郁症的模型吗?实验室中的模型能适用于外界真实的世界吗?如果可以，那它将是人类心智科学研究的重大突破。

我们需要知道所有实验室中制造出来的习得性无助症状是否与外界的抑郁症症状相似，它们越相似，这个模型就越好。让我们从最难的地方切入:抑郁症症状最严重的时期。

如果你去看心理医生，他会拿出一本美国精神医学协会最新版的《精神障碍诊断与统计手册》来帮他做诊断。在第一次面谈时，心理医生会根据你的症状去找出这本诊断手册中的分类，从而判断你是哪一种患者。要被诊断为重度抑郁症，你必须有下面 9 种症状中的 5 种：

1. 情绪低落；
2. 对日常活动失去兴趣；
3. 没有胃口；
4. 失眠；
5. 思维或动作迟缓；
6. 无精打采，没有活力；
7. 有罪恶感或觉得自己毫无价值；
8. 思考能力减弱，注意力不集中；
9. 有自杀的想法或行为。

当把这 9 条应用到实验室中习得性无助的人或动物身上时，我们发现有控制力的那一组没有出现任何一种症状，但没有控制力的那一组却出现了 8 种。我们唯一没发现的症状是自杀倾向，这可能是因为实验室里的失败通常都微不足道。所以，这个模型与外界真实的现象十分契合。

这种契合鼓励研究者用另一种方法来验证这个理论，一些药物可以缓解抑郁情绪，所以研究者就将这些药给那些无助的动物吃。这些药物果然有效：在吃了抗抑郁症药以及接受电击治疗后，那些原来无助的动物都恢复了正常。研究者还发现，那些不能缓解抑郁情绪的药物，如咖啡因、镇静剂和安非他命等，对无助的动物也没有帮助。

因此，看起来这个模型非常适合抑郁症。我们知道习得性无助是怎么来的，所以我们了解抑郁症的形成原因。“相信自己的行为会失败”的想法被失败和无法控制的环境强化，最终制造出了抑郁症。

现代人的自我观念使得现代人更容易变得习得性无助。我想我知道为什么会这样，而这一点我会在最后一章来讨论。

## 塞利格曼的乐观课堂 Authentic Happiness

1. 抑郁的人会在思想、情绪、行为和身体四个方面发生消极的变化。

2. 当你抑郁时，很小的障碍看起来都像不可逾越的高山，你对为什么你的成功其实是一次失败有着无数的理由。你的情绪会非常差，可能会哭。在行为上，抑郁者会变得被动、犹豫不决，甚至有自杀行为。身体上的变化是：没有胃口，没有性欲，失眠，感到很疲倦。

How to Change
Your Mind and Your Life

# 第 5 章
# 想法决定悲喜人生

彻底治疗抑郁的关键，
是将悲观的解释风格转变为乐观的解释风格。

身边的悲喜故事

丹雅是三个孩子的母亲，她觉得孩子很不听管教，而且她和丈夫的感情也越来越糟，婚姻关系每况愈下。丹雅对自己深感厌恶，“因为我总是对孩子们大吼大叫，从来没向他们道过歉，我是最糟糕的妈妈，我不配有孩子”。其实她并不像自己想的那样，她常常在孩子放学后陪他们踢球、做游戏，辅导孩子们做作业。

她没有任何爱好，因为她觉得自己什么都做不好。其实，她做得一手好菜，而且在学校时成绩也很好。

丹雅不仅很悲观，还常常陷入抑郁情绪不能自拔。“事情真的很糟，我心情一直不好。我不是一个爱哭的人，但是现在只要有人说了我不喜欢的事，我就开始哭……”丹雅患上了严重的抑郁症。

后来，她接受了一种治疗，病情慢慢好转。

她不再把所有的责任都归到自己身上。当她老公不肯陪她去教堂时，她会想“我可以自己一个人去教堂，我老公很差劲，不肯陪我去”。当她开车发生了一点意外时，她会说：“我的墨镜不够黑，所以光线有些晃眼。”她找了一份兼职工作，有了一笔收入，她不再认为自己无权选择家庭旅行的目的地。她越来越自信，越来越主动。

丹雅摆脱了抑郁，而且没再复发。周围人都很惊讶，这神奇的变化究竟是如何实现的？

假如第 4 章提到的苏菲是在 20 世纪 50 年代得了抑郁症，那么她会非常不幸，因为她必须坐等抑郁期过去。但因为在过去的几十年里有一种快速而有效的方法被研究出来了，所以苏菲得以解脱的概率就高了许多。发现这个疗法的人是心理学家阿尔伯特·艾利斯（Albert Ellis）和精神科医生贝克。当近代心理治疗史重写时，我相信他们的名字会跟弗洛伊德和荣格并列。他们两人合力揭开了抑郁症之谜。

## 从聊天、吃药到改变思维

在艾利斯和贝克提出他们的理论之前，根深蒂固的看法是，所有的抑郁症都是躁郁症。躁郁症有两个相互对立的理论：生物医学派认为它是一种生理疾病，心理分析学派则认为它是人们将愤怒发泄到自己身上的结果。

1947 年从哥伦比亚大学拿到博士学位后，艾利斯就开始专门做婚姻和家庭的咨询与辅导。他终生致力于反对性压抑的运动。他写了很多书，例如《假如这就是性的叛逆》（*If This Be Sexual Heresy*）、《性解放的个案》（*The Case for Sexual Liberty*）等。我第一次读到他的东西是我在普林斯顿大学二年级的时候。我曾协助组织了一个有关性的学生活动，邀请艾利斯来演讲，他的演讲题目是“现代手淫”。普林斯顿的校长一向是个非常镇定、公正的人，结果他让我写信请艾利斯不要来。

20 世纪 70 年代，艾利斯将他特殊的个人魅力及直捣黄龙的研究法带入抑郁症研究领域，这个领域跟性一样充满了偏见及错误观念。从此，抑郁症领域变得不一样了。

艾利斯在这个新领域中跟他在旧领域中时一样大胆。瘦骨嶙峋且好动的艾利斯一步一步地引导患者，直到他们放弃那些不合理的信念和想法，从抑郁症中解脱出来。“你说你没有爱就活不下去是什么意思？”他大喊，“胡说八道，爱根本就是很难得到的。你要浪费你的生命去追求一个几乎不存在的东西吗？你活在‘应该’的魔爪下，不要对自己说我应该怎么样，这会使你落入抑郁情绪的深渊！”

艾利斯认为，所谓的精神冲突其实只是不合理的信念，他让患者不要再去想自己哪里做错了和哪里不好，而是去想哪里好。很奇怪的是，患者摆脱传统心理分析的阴影后，病情都有所好转。艾利斯成功地挑战了传统上对心理疾病原因的看法，推翻了药物对心理疾病无效的偏见。

与此同时，贝克这位弗洛伊德学派的精神科医生，也对传统的精神分析治疗法产生了不满。贝克和艾利斯完全不同。艾利斯属于强硬派，贝克则属于友好派。贝克像一个友善、平易近人的新英格兰乡下医生，打着红领结，有着天使般的脸庞，从不对患者大声说话。

20 世纪 60 年代，贝克跟艾利斯一样，对弗洛伊德学派和生物医学派的水火不相容感到非常困惑。他发现弗洛伊德学派的治疗方法没有什么效果，患者在他面前崩溃，他几乎没有办法再让这些患者恢复。

1966 年我初次见到贝克时，他正在写他的第一本有关抑郁症的书。他勇敢地争辩，抑郁症患者并不是大脑神经递质有问题，也不是把愤怒发泄到自己身上，而是思想上出了问题。就这样，贝克向弗洛伊德学派宣战了。

另一位心理学革命的开山始祖是约瑟夫 · 沃尔普（Joseph Wolpe）。他是一名南非的精神科医生，也是一个天生的反对派。20 世纪 50 年代，沃尔普发现了一种治疗恐惧症的简单方法，在心理治疗学界产生了很大影响。心理分析学派认为恐惧症只是本我失常的冰山一角，认为恐惧症的来源是，你害怕父亲会阉割你，以报你暗恋母亲的仇（请注意，弗洛伊德没有说明当患者是女性时，这个理论应该如何解释）。生物医学派则认为恐惧症是由某种大脑神经递质失常引起的，只是还未发现是什么物质而已。

沃尔普认为不合理地惧怕某种东西不是恐惧症的症状，而是恐惧症本身。如果这种恐惧能被消除，那么患者就被治愈了，恐惧症不会像心理分析学派或生物医学派主张的那样以其他方式重新出现。沃尔普和他的追随者被称为行为主义治疗师，他们可以在一两个月内治愈恐惧症，而且治愈后这种疾病不会再以其他面目出现。

沃尔普因为大胆而被人排挤，他先到了伦敦的莫兹利医学院，后来又去了弗吉尼亚大学，最后在费城的天普大学（Temple University）任教，但他仍坚持用行为治疗法来治疗心理疾病。

20 世纪 60 年代末，费城已经变成新的心理学中心。沃尔普在天普大学受到大肆抨击，而贝克在宾夕法尼亚大学却有着无数的追随者。他对抑郁症的看法和沃尔普对恐惧症的看法一样，认为抑郁症来自患者对自己消极的看法，并没有什么深埋在潜意识里的根。

我是贝克早年的追随者，相信这种消极思维模式是习得性无助和抑郁症的主要原因。我在 1967 年拿到博士学位后就到康奈尔大学任教，1969 年，在贝克的邀请下我很高兴地回到宾夕法尼亚大学，设计治疗抑郁症的新方法。

我们的理由很简单。既然抑郁症来自一个长期养成的消极思维模式，那如果可以改变这种思维模式，我们就可以治疗抑郁症。我们用所有可行的方法来改变患者对不幸事件的想法，这就是贝克所讲的认知疗法。美国国家心理健康研究所曾花了几百万美元来测试认知疗法，结果显示它确实有效。

你怎样看问题决定了你能否从抑郁中解脱出来，或者是否会使抑郁更加严重。一次失败或打击会告诉你，你现在是无助的，但习得性无助只会造成暂时的抑郁，除非你有悲观的解释风格。

现有统计数据显示，女性得抑郁症的概率约为男性的两倍，部分原因可能在于女性看事情的方式正好是放大抑郁的方式。男性碰到事情会去做，而不会反复地去想；但女性容易钻牛角尖，把事情翻来覆去地想，去分析它为什么是这样。心理学家把这种强制性的分析叫作反刍（rumination）。反刍的习惯加上悲观的解释风格，结果就是严重的抑郁症。

好消息是，悲观的解释风格和反刍的习惯都是可以改变的，而且这种改变是永久性的。认知疗法可以创造出乐观的解释风格并且能治疗反刍。你在下面的章节中会看到它如何在人们身上发挥效用，你也可以学习把这个技巧应用到自己身上。

## 悲观的人更容易抑郁吗

我们在失败时都会感到暂时的无助，但有些人可以立刻爬起来，有些人则几个星期甚至几个月都还是垂头丧气的。你还记得第 4 章中谈到的 9 种症状标准吗？有 5 种以上的症状才能被诊断为抑郁症。还有一个必要条件就是：这些症状都不是短暂的，它们一定要持续存在超过两个星期。

如果失败的人是一个悲观者，习得性无助会转变成严重的抑郁症；而对一个乐观者来说，失败只会造成其暂时的沮丧。悲观会引起抑郁症吗？

在 20 世纪 80 年代，我一直在验证这个预测。宾夕法尼亚大学研究小组曾把有关解释风格的问卷发给了几千名轻重程度不同的抑郁症患者，问他们对好、坏事情的看法。我们发现，有抑郁症的人同时也是悲观的人。

但这并不表示悲观会引起抑郁症，它只表示患有抑郁症的人同时也是悲观者而已。这种相关不代表任何因果关系，因为也有可能是其他因素引起了悲观和抑郁。如果要证明悲观能引发抑郁，我们需要一组本来没有抑郁症的人来证实在经历天灾人祸后，悲观者比乐观者更容易抑郁。

最理想的实验地点是密西西比州临近墨西哥湾的小镇，先测试镇上每一个人的悲观程度和解释风格，然后等待台风的来临，等台风过后，我们再去看谁躺在泥泞里不动，谁已经卷起袖子开始重整家园了。不过，做这种“自然实验”（experiment of nature）会有道德和经费上的困难，所以我们必须找其他方法来验证这个因果关系。

我有一个非常聪明的学生叫珊迈尔（Amy Semmel），她觉得我们生活中就有这种“自然灾害”，例如一学期要进行的两次考试。9 月学校开学时，我们先测验学生的悲观程度和解释风格。10 月快期中考试时，我们问学生他们认为考多少分算失败，大多数学生回答说得 B+ 就算考砸了。B+ 的预期对实验没有影响，因为我所授课程的平均成绩是 C，所以大多数学生都会成为实验的被试。在期中考试成绩出来后，发考卷的同时，我也给学生发了一份贝克的抑郁问卷。

有 30% 成绩为 B+ 以下的学生变得“非常抑郁”，30% 在 9 月测试中表现为悲观的学生变得“很抑郁”，而 70% 既悲观又考得不好的学生也变得“很抑郁”。事实上，认为考不好是由永久性和普遍性的原因导致的学生，到期末考试时依然抑郁。

另一个适合“自然实验”的地方是监狱。我们测量男性犯人在进监狱前和进监狱后的抑郁程度。监狱犯人的自杀现象非常普遍，我们想预测一下哪种人最容易变得抑郁而产生自杀倾向。我们很惊奇地发现，在刚进监狱的时候，竟然没有一个人是严重抑郁的，但是到他们出狱时，几乎每个人都变得严重抑郁了。或许有人会说进入监狱本来就是这样的，但是对我来说，似乎有其他更深层的事情发生在他们入狱期间。但是无论如何，我们成功地预测了谁会变得最抑郁，就是那些进来时很悲观的人。换句话说，悲观是抑郁症生长的肥沃土壤，尤其是在不友善的环境当中。

这些发现都指出悲观是抑郁症的原因。现在我可以在厄运到来之前就准确预言出哪些人会变得抑郁，会得抑郁症了。

另一个验证悲观是否是抑郁症原因的方法是长期观察一些人，这叫作纵向研究。我们追踪 400 名三年级的小学生到他们升入六年级，测量他们的解释风格、抑郁程度、学习成绩以及在学校受欢迎的程度，一年测量两次。我们发现，在三年级时悲观的孩子，最有可能在这四年中变得抑郁；而乐观的孩子不会这样，即使一时抑郁也很快就会恢复。另外，我们也研究了青少年，发现情况也一样。

这些研究真的能证明悲观会引起抑郁症吗？还是说悲观总在抑郁症之前发生，它让我们能够预测抑郁？下面是一个很具摧毁性的论点：假设人们很清楚自己会如何面对厄运，有些人反复看到不幸的事情发生时自己受到沉重的打击，这种意识让他们变得很悲观；另一些人因为看到自己总能克服困难，所以变得比较乐观。这两组人变得悲观或乐观，只是因为他们了解了自己应对灾难的能力。在这种情况之下，悲观就像汽车的计速器，它告诉你汽车每小时跑多少千米，但并不是计速器让汽车跑起来的。

只有一个方法可以反驳这个论点，那就是研究什么样的治疗方法有效。

## 这样治疗抑郁很有效

丹雅来接受治疗时正处在严重的抑郁状态。她的婚姻正在走下坡路，三个孩子完全不听管教。她同意参加抑郁症的研究，接受一种与以前不同的疗法——认知疗法，并服用抗抑郁药物，她允许研究者对她的治疗过程录音。下面引号内的内容就是她对问题的解释方法，我在每一项后面都附加了一个数字，这些数字是她的悲观分数（同第 3 章的测验分数，从 3 分到 21 分，21 分代表完全的永久性、普遍性及人格化的解释）。每一个维度分值为 1 ～ 7 分，所以三个维度加起来是 3 ～ 21 分。3 ～ 8 分是非常乐观，13 分以上是非常悲观。

- 丹雅对自己深感厌恶，“因为我总是对孩子们大吼大叫，从来没向他们道过歉”。（永久性、相当的普遍性及人格化：17 分）
- 她没有任何爱好，“因为我做什么都不行”。（永久性、普遍性及人格化：21 分）
- 她没服用抗抑郁药物，“我不能吃，因为我身体不够好”。（永久性、普遍性及人格化：15 分）

丹雅的解释风格完全是悲观的，她觉得只要是不好的事就都是自己的错，而且会摧毁她辛苦建立起来的所有东西，这些影响甚至会跟着她一辈子。

她跟组内其他人一样，接受了 12 个星期的认知治疗，效果好极了，她的抑郁症在第一个月后就减轻了许多，到第三个月结束时，她已经不再抑郁了。她的生活表面上并没有改善很多，她的婚姻仍然在走下坡路，她的孩子还是不听话，但她现在对事情开始有比较乐观的看法了。

- “我可以自己一个人去教堂，我老公很差劲，不肯陪我去。”（暂时性、特定性及外在化：8 分）
- “我看起来有些邋遢，因为我必须先准备孩子们上学的衣服。”（暂时性、特定性及外在化：8 分）
- “他把我所有的存款都挥霍了！假如我有枪，我会杀了他。”（暂时性、特定性及外在化：9 分）
- 她开车发生了一点意外，“我的墨镜不够黑，所以光线有些晃眼”。（暂时性、特定性及外在化：6 分）

其实每天都有不愉快的事发生，但丹雅不再认为它们是不可改变的、普遍的或是她的错。是什么使丹雅发生了这么惊人的改变？是药物还是认知疗法？这种改变只是一种表象，还是她真的开始变好了？因为丹雅只是不同实验组中的一名成员，所以我们可以通过比较她和其他实验组成员的差异来找到以上问题的答案。

**第一，两种治疗法都有很好的效果。**只用抗抑郁药物或只用认知疗法都能有效地抑制抑郁症；两者并用的效果比只用一种更好，但好的程度未达到统计上的显著性。

**第二，认知疗法的侧重点是将悲观的解释风格转变成乐观的解释风格，认知治疗进行得越多，向乐观风格转变得就越彻底，而越转向乐观，就离抑郁症越远。**药物虽然对缓解抑郁症的症状相当有效，但它并不会使患者变得乐观。我想应该这样下结论：虽然药物和认知疗法都能减轻抑郁症，但两者的作用机制不同。药物似乎是个驱动者，它推动患者起来活动，但无法使患者的世界变得更光明；而认知疗法改变了人们看事情的方式，这个新的、乐观的看世界的方式能使患者自己动起来。

**第三，最重要的发现是患者可以长期摆脱抑郁症。**丹雅的抑郁症没有复发，当然，这项研究中有许多人的抑郁症都复发了。研究结果显示，会不会复发取决于解释风格是否改变。认知治疗组的复发率比服药组的低得多。变为乐观解释风格的人比维持原有悲观解释风格的人复发率低得多。

这说明认知疗法有效是因为它使患者变得乐观了，患者学会了应对技巧，不再需要依赖药物或医生。药物只能暂时减轻病痛，而不能改变抑郁症的根源——悲观的思想。改变解释风格对治疗抑郁症有意想不到的效果。

我们前面很关心悲观是不是抑郁症的原因，验证这个因果关系的方法就是将悲观变为乐观。如果悲观只是一个指示器，就像汽车计速器一样，那么变得乐观并不会影响人们对灾难的反应。但是，如果悲观是抑郁的原因，那么从悲观变成乐观就应该能减轻抑郁症。我们前面看到，事实的确如此。悲观当然不是抑郁症的唯一原因，基因、大灾难、激素的改变都会提高人们患抑郁症的概率，但不可否认，悲观是得抑郁症的重要原因之一。

# 你是悲观的反刍者吗

假如你认为事情不顺利都是“我的原因，而且这件坏事注定要跟着我一辈子，我所有的努力都白费了”，那你可能就快要得抑郁症了。当然，这样想并不表示你常常会这样对你自己说，反复咀嚼不如意的事的人叫作反刍者。

反刍者可以是乐观者，也可以是悲观者。悲观的反刍者会出现问题，因为他们的信仰结构是悲观的，他们会一再告诉自己事情有多糟。有些悲观的人会表现出无望但不会反刍：他们有悲观的解释风格，但是他们不会一直对自己说事情有多糟。

当丹雅来接受治疗时，她不仅是个悲观者，还是个反刍者。

- “现在，我什么也不想做。”
- “事情真的很糟，我心情一直不好。我不是一个爱哭的人，但是现在只要有人说了我不喜欢的事，我就开始哭……”
- “我不能忍受这个……”
- “我不是个很有爱心的人……”
- “我的先生一直在烦我，我真希望他不要这样。”

丹雅变成一个无止境的反刍者，一直沉浸在自怨自艾中，没有表示要采取任何行动来改变环境。她之所以会这样，不仅仅是因为她的悲观，还因为她的反刍。

下面我们来看悲观—反刍的联结是如何引发抑郁症的。第一，你受到无助感的威胁；第二，你去寻找威胁的来源，假如你是个悲观者，你找出的原因就是永久的、普遍的以及人格化的。因此，你预期未来也是无助的，在其他情境下也是无助的，这种预期引发了抑郁症。

如果你是个反刍者，这种预期会常常发生，它越常发生，你就越抑郁。沉浸在不幸的事件中会启动这个循环，反刍则加快了这个循环。不反刍的人即使是悲观的，也可以避免抑郁症。乐观的反刍者也可以避免抑郁症。改变悲观或改变反刍都能减轻抑郁症，两者都改变则效果最大。

我们发现，悲观的反刍者最容易得抑郁症。认知疗法阻止了反刍，也建立了乐观的解释风格。下面是丹雅在治疗终止时的谈话：

- “我不想再上全天的班，我只想上半天班，一天工作 4 个小时就够了，这样我就不必整天待在家里。”（行动）
- “我觉得我对家庭的经济状况有所贡献，所以下次我们想去哪儿玩时，我们就可以去。”（行动）
- “我有时会去做一些即兴的事。”（行动）

## 为什么女性比男性更容易得抑郁症

为什么女性比男性更容易得抑郁症？难道是女性比男性更愿意去求医，所以在统计数字上显得比较高吗？不是的。在挨家挨户的访问中，统计数字依然如此。

难道是女性比较愿意公开自己的问题吗？好像也不是。因为在公开调查和私下匿名调查中结果都一样。

难道是因为女性的工作条件比较差，待遇也比较差吗？也不是，有钱女性的患病率是有钱男性的两倍，同样，失业女性的患病率也是失业男性的两倍。

难道是生理上的原因使女性更易抑郁吗？不是的。研究指出，女性在月经前和产后的情绪的确会受激素变化的影响，但这个效应没有大到使其与男性的患病比例高达 2 ∶ 1。

难道是基因的差别吗？一些对男女性抑郁症患者子女的研究显示，男性患者儿子的患病率很高，考虑到染色体由父亲传给儿子，由母亲传给女儿，所以抑郁症的确跟基因有关，但是基因的影响并没有大到使女性患病率达到男性的两倍。

最后还剩下三个有趣的理论。第一个是性别角色——女性在社会中的角色使女性成为抑郁症的温床。一种流行的说法是女性从小被教导以家庭为重，对她们而言，爱情和社交关系是最重要的；而男性被教导把事业、成就看得最重要。女性的自尊取决于爱情和友谊，因此，社交上的失败，如分居、离婚、子女离家甚至约会时不愉快等，对女性的打击都比对男性大，但这个说法不能解释为什么女性的患病率是男性的两倍。我也可以把这个论点反过来说：因为男性被教导以事业为重，所以男性在事业失败时所遭受的打击应该比较大，这对男性的自尊打击应该很大，而且这种打击的频率应该和女性社交失败的频率差不多，因此男性发病率应该和女性一样才对。

另一种流行的性别角色说法是角色冲突：现代生活对女性造成的冲击比男性大。女性不仅要扮演传统的妻子、母亲的角色，还要扮演职业女性的角色，这额外的负担造成了压力，而压力造成了抑郁症。这个说法听起来好像很有道理，但就跟其他凭空想象的理论一样，一碰到事实就破碎了。因为一般来说，职业女性反而比较少得抑郁症，家庭主妇患病率更高，所以性别角色的说法并不能解释为什么女性比男性更易患病。

第二个理论是习得性无助和解释风格。在我们的社会里，女性在生活中比男性有更多习得性无助的经验。父母和老师比较注意男孩的行为而容易忽略女孩，男孩被教养成独立的、好动的，而女孩则被教养成被动的和依赖性较强的。当女孩长大后，她们发现这个社会并不重视妻子和母亲的角色，如果去外面工作，她们会发现老板不太重视她们的工作。当她们与男性做得一样好时，老板往往只夸奖男性而忽略了她们的成绩；当她们在会议中发言时，她们说的话不如男性的有分量。她们在很多情境下都会碰到习得性无助，如果女性比男性更具有悲观的解释风格，任何一个习得性无助的经验都会制造出抑郁症，所以女性比男性更容易得抑郁症。实验结果也显示，任何一个压力因素所造成的女性患病者都比男性多。

这个理论似乎是真的，但也有漏洞。其中一个漏洞就是，没有任何证据显示女性比男性更悲观。唯一相关的研究是对小学生的随机取样，而它的结果正好相反。在三年级、四年级和五年级的小学生中，男生比女生更悲观、更沮丧。当父母亲离婚时，男生比女生更容易抑郁（到青春期时就反过来了，而2 ：1的比例也的确是从青春期开始变得显著的。青春期一定发生了什么事，使女生变得容易抑郁，而使男生走出抑郁。我将在第7章和第8章谈到这一点）。另一个漏洞就是没有任何研究显示，女性觉得自己的生活比男性的更无法控制。

最后一个理论是有关反刍的。当灾难来临时，女性普遍会去想，而男性却会去做。当女性被解雇时，她们会想为什么会被解雇，把每一个细节都想了又想。而男性被解雇时，他们普遍会行动，去喝得烂醉，跟人打架，或做别的事来使自己不去想被解雇的事。他们宁可去找别的工作，也不愿去想自己为什么会被解雇。假如抑郁是思维的失常，那悲观和反刍就是火上浇油。去分析它只会加大它的威力，去行动和不去想它才可能打破它的诅咒。

事实上，抑郁症本身可能使女性比男性更容易反刍。当发现自己情绪低落时，我们怎么办？女人想去找出情绪低落的原因，而男性会去打篮球或去工作来忘记不快。男性酗酒者比女性多，男性通过喝酒来忘记烦恼，而女性因为反刍而增加了烦恼。

这个反刍理论差不多可以解释抑郁症的一般性质以及女性抑郁症患者比

男性患者多的事实。我们处在一个自我意识的时代，如果我们从小就被鼓励去正视问题、分析问题而不是去行动的话，抑郁症的流行可能就是这种教育的后果了。我将在第 15 章讨论这个问题。

有证据显示，反刍的确是造成抑郁症性别差异的主要原因。斯坦福大学的苏珊·诺伦－霍克西玛（Susan Nolen-Hoeksema）是反刍理论的创始人。她的研究显示，大多数女性在抑郁时，都会试着去分析自己的情绪或者想明白为什么自己会有这样的感觉，但大多数男性却是去做一些他们喜欢的事情。

在对男性和女性的日记进行的研究中，研究人员也发现了同样的行为模式。在情绪不好时，男性往往会想办法转移对情绪的注意力，女性则会思考、分析自己的情绪。

所以，分析情绪及沉溺于情绪中似乎是女性比男性更容易抑郁的原因。这暗示着男性与女性有同样的轻度抑郁的发生比例，但女性沉溺在抑郁的情绪中，使得抑郁程度升高。

我们现在有两个可能的理论。第一个是女性易习得较多的无助与悲观，第二个是女性更趋向反刍，沉溺在抑郁情绪中，使得这种情绪升级为抑郁症。

## 跟抑郁说再见

100 多年前，人们对行为（特别是坏的行为）最流行的解释是个性，而个性是不容易改变的。如果一个人认为自己是愚蠢的，而不认为是由于自己读书不多的话，那他就不会采取行动来改变自己。如果一个社会把犯人看成邪恶的，把精神疾病患者看成疯子，那它就不会花钱去支持改造犯人、帮助患者康复的机构。

到 19 世纪末，这种贴标签的做法和它背后的理念开始发生改变。无知开始被看成因为没有受教育，而不是因为愚蠢；犯罪被看成贫穷的产物，而不是因为本性邪恶；贫穷被看成没有机会，而不是因为懒惰；疯狂被看成适应不良，是可以改正的。这种新的、强调个人受环境影响的理论就是行为主义的基本精神。

行为主义之后是认知心理学，它保留了对改变的乐观信念，认为“自我”可以改进自己。例如，精神疾病的治疗不再是医生一个人的责任，而是把一部分治疗的责任转移到了患者身上。这种信念是当今盛行的自我改善（self-improvement）运动的基本精神。

自我改善的信念就跟贴标签理论一样有预言的效果。一个人如果相信自己不必老坐在办公室中或不必老是抱着对他人的敌意，他可能就会去外面慢跑或在欺侮别人之前想一下。对于健康俱乐部、戒酒组织和心理治疗机构来说，相信自我改善的文化非常重要。

自从有了失败，人类就开始有了抑郁，尽管那时没有今天这么严重，但至少会心情低落。当一个中世纪的乡村少年未能赢得意中人的芳心时，妈妈可能会对他说，天涯何处无芳草，大丈夫何患无妻。到了 20 世纪 80 年代，出现了认知疗法，它试着改变人类对自己失败的看法。它的座右铭跟老祖母的话并没有什么两样，但老祖母的话没有用，而认知疗法却有用。认知疗法是什么？为什么它有效？

## 五记重拳打碎抑郁

从 20 世纪 70 年代开始，贝克和艾利斯两人就一直强调意识决定感觉。从这个理论发展出一种治疗方法，它主要改变抑郁症患者对失败、打击以及无助的思考方式。

认知疗法有五种策略。

**第一，学会去认识在情绪最低落时自动冒出来的想法。**例如，一位三个孩子的母亲在孩子出门上学前常会对他们大喊大叫，等他们走后又很懊悔这种行为，觉得很沮丧。在接受认知疗法治疗时，她学会去认识她一吼完时不自觉地对自己说的话，“我是最糟的妈妈”，她学着感知这个想法的出现，知道这就是她的解释，而这个解释是永久的、普遍的和人格化的。

**第二，学会与这个自动冒出来的想法抗争，举出各种与之相反的例子。**每当“我是最糟的妈妈”的念头出现时，这位母亲就集中注意去想那些自己是好妈妈的例子来与之对抗。

**第三，学会用不同的解释——重新归因去对抗原有的想法。**这位母亲学会对自己说“我下午对孩子们很好，而早上很差，或许我不是一个擅长在早上活动的人”，这种解释法就比较不具有永久性及普遍性。她学会了用新的、正面的证据去瓦解原来消极的解释链。

**第四，学会如何把自己从抑郁的思绪中引开。**这位母亲意识到消极想法的出现是不可避免的，如果常去反刍会使情况更糟，最好先不要去想它。

**第五，学会去认识并且质疑那些控制你并引起抑郁的假设。**

- “没有爱，我活不下去。”
- “除非每件事都完美，否则我就是一个失败者。”
- “除非每个人都喜欢我，否则我就是一个失败者。”
- “任何问题都有答案，我必须找到它。”

像这样的假设都会导致抑郁症，你完全可以选择一套新的假设去过日子。

- “爱情的确很珍贵，但很难得到。”

- “尽力就是成功。”
- “有人喜欢你，也肯定有人讨厌你。”
- “生活中免不了有许多问题，我只能挑最重要的去处理。”

苏菲，那位曾经的“黄金女孩”所受的抑郁症折磨，在目前年轻人中是最普遍的，觉得自己没人爱，不值得被爱，没有才能，已经过气了等。这种抑郁来自悲观的解释风格。当苏菲开始接受认知疗法的治疗以后，她的生活立刻改善了很多。她的治疗持续了 3 个月，每个星期 1 个小时。

在治疗师的帮助下，苏菲看到她对自己说的话都是无法获得解脱的消极对话。当她读到印度总理甘地的夫人被刺的消息时，她想到“所有的女性领袖都没有好下场”；当她的同居人性无能时，她想到“我对他没有吸引力，他很讨厌我”。

我问她：“假如路上有个醉汉对你说你很讨厌，你会不会相信他说的话？”

“当然不会。”

“但你对自己说同样没道理的话时，你却相信了，就是因为你认为这些话的来源——你自己，是比较可信的。但事实并非如此，很多时候你将事实扭曲得比醉汉还厉害。”

苏菲很快就学会了通过举证来对抗她的习惯性信念，挑战这些信念的合理性。她学会了一套重要的技巧：如何与自己进行乐观的对话。她的解释风格从悲观向乐观转变。她在学校的成绩赶上来了，毕业时获得了很好的评价，她的爱情也最终发展成为婚姻。

苏菲也学会了如何防止抑郁症复发。苏菲跟其他服用抗抑郁药物的人最大的差别是，她学会了一套技巧去应对失败和打击，而这套技巧一旦学会了便永远跟着她了。她抗击抑郁症的胜利是她自己赢来的，而不是靠哪位医生或哪种最新的药物。

这个问题有两个答案。在机制的层面上，认知疗法有效是因为它将悲观的解释风格转变成了乐观的解释风格，而这种改变是永久性的。当你失败时，你可以用它有效地阻挡抑郁的侵蚀。在哲学的层面上，认知疗法之所以有效是因为它利用了自我的力量。在一个相信自我可以改善的时代，我们愿意去改变一种思维习惯。为了自我的利益，我们会选择去做让自己感觉更好的事情。

## 塞利格曼的乐观课堂

Authentic Happiness

1. 男性碰到事情会去做，而不会反复去想；但女性容易钻牛角尖，把事情翻来覆去地想，去分析它为什么是这样的。女性看事情的方式造成女性得抑郁症的概率是男性的两倍。
2. 研究显示，悲观确实是引发抑郁症的重要原因。认知疗法通过将悲观的解释风格改变成乐观的解释风格，从而减轻抑郁症状，让抑郁症患者彻底、永远摆脱抑郁症。

第二部分

# 乐观的人生为什么精彩

Learned Optimism

How to Change
Your Mind and Your Life

第 6 章

# 乐观奠定成功的事业

能在有挑战性的工作中取得成功的人，
都具有以下 3 个要素：能力、动机、乐观。

## 身边的悲喜故事

《成功》杂志（*Success*）听说我在大都会保险公司做了特别录用组的研究，前来采访我。1987 年，他们刊登了一篇有关乐观和超级业务员的文章，这篇文章是从介绍德尔开始的。

德尔本来在一家屠宰场工作，做了多年后突遭解雇，于是他去应聘大都会保险公司的业务员。他虽然没有通过传统保险行业的职业剖析测验，但还是被录用了，因为他符合特别录用组的条件——他的归因风格测试分数很高，这个高分说明他非常乐观。

他进入大都会后成了一位超级业务员，因为他不仅有毅力还有想象力，他可以在别人都想不到的地方找到客户。

德尔曾经在宾夕法尼亚东部的一家屠宰场工作了 26 年，可以说他的前半生都在那里工作。这份工作并不算愉快，但至少他工作的清洗部门比其他部门还好些。后来，肉品供过于求，生意变糟了，工会虽担保他每个星期的最少工作时数，但他必须调到屠宰部门，那个部门的工作使他非常不舒服，不过为了生活还是得干。生意越来越不好，一个星期一的早晨，他照常去工厂，却发现工厂门前挂了一个牌子，上面写着“关张”。

“我不打算后半辈子靠领救济金生活，”他告诉我，“所以我去应聘保险业务员。我从来没有卖过东西，也不知道我是否会卖东西，但我还是接受了您的测验……您知道的，大都会雇用了我。”

虽然失去了在屠宰场的工作，但后来的事实证明“塞翁失马，焉之非福”。卖保险的第一年，德尔的工资比在屠宰场时多了 50%；第二年比在屠宰场时多了一倍。此外，他热爱自己的工作，特别是工作的自由度，他可以自己安排工作的时间和地点。

“不过今天早上我的心情非常不好，”他继续说，“我花了好几个月的工夫才拉到一桩大生意，这是我工作以来最大的一单，但是两个小时以前，大都会的承保部门打电话跟我说，他们决定拒绝这桩生意，所以我打电话给您。”

“好的，德尔先生，”我回答道，但还是不明白他为什么找我，“我很高兴你打电话来。”

“塞利格曼博士，那篇文章告诉我，您为大都会保险公司挑选了一组胜利者，这组人无论身上发生什么不好的事，就像今早发生在我身上的这件事一样，他们都会继续往前冲。我猜您不是免费为大都会做这件事吧？”

“你说得对。”

“那么，我想您应该回馈一下，买我的保险吧！”

我真的买了。

在长途飞行时，我通常选靠窗的座位，面对着窗外，避免与旁边的旅客说话。1982 年 3 月的某一天，从旧金山飞回费城的路上，我发现我原来的那套策略不管用了。“你好！”坐我旁边的一位谢顶的、60 多岁的男士热情地招呼说，“我的名字叫约翰·莱斯利，你叫什么？”他对我伸出手来要与我握手。“啊！完了，”我对自己说，“一个话痨……”我含糊不清地报了一下我的名字，跟他敷衍地握了一下手，希望他能明白我的意思。

莱斯利是个不接受暗示的人，他不停地跟我讲他的工作和爱好。这一次很偶然的谈话改变了我后来的研究方向。莱斯利是个百分之百的乐观者，绝不放弃，他似乎觉得我会喜欢听他说话，会被他话里的智慧吸引。果然，当飞机飞到内华达州上空时，我发现我真的被他吸引住了。

他说："我手下的那批员工是最有创意的一组人！"

"你是如何区分有创意的员工与一般员工的呢？"我问道。

"他们都相信自己可以做到别人做不到的事情。"

等飞机飞到犹他州上空时，我完全被迷住了。他谈到的这些人正是我认为能够抵抗抑郁症的人。"你怎么使一个人有创造力？"我问他。

"我可以告诉你！"他回答道，"但你先得告诉我你是做什么的。"

我简短地告诉他过去 15 年我在干什么。我告诉他习得性无助和抑郁症的模式，告诉他悲观的解释风格以及悲观者有多么容易放弃。

"你有没有研究过这个问题的另一面？"莱斯利问道，"你有没有研究过什么人永远不会放弃，什么人不管遇到什么都不会变得抑郁？"

"我还没想到这里。"我承认。事实上，我已经开始觉得有些不安了。因为心理学只注重问题，将所有时间和金钱都花在如何使患者的症状减轻一点、日子好过一点上。帮助有困难的人是种高贵的品质，但心理学似乎还没有余力去帮助健康的人把日子过得更美好。从莱斯利的话中，我看到了我的另一个研究方向。

## 谁是最合适的保险业务员

在那次旅行的三个星期之后，我来到美国大都会保险公司的大楼，走过厚实的地毯，进入克瑞顿的办公室。克瑞顿 50 来岁，是一位令人愉快、明察秋毫的大企业家，他远在我之前就了解了乐观对企业的重要性。

“推销很不容易，”他说道，“推销员必须有百折不挠的勇气才会成功，这不是每个人都能做到的。每年我们雇用 5 000 名新业务员，我们从应聘的 60 000 人中仔细筛选，对他们进行测验、面试，还对他们进行密集的培训。但是不到一年，一半以上的人就会离职，留下来的人业绩也一年比一年差。到第四年年底，他们的业绩只剩下最初的 20%。我们训练一个新业务员需要花 30 000 多美元，所以每年单在聘用人才方面就会损失 7 500 万美元。别的保险公司也跟我们一样。”

“这不仅仅是损失钱的问题，塞利格曼博士，”他继续说，“每当员工辞职时，我都发现他们很闷闷不乐，这可能涉及你的专业——抑郁症。因此，我们有一个很重要的任务，那就是弄清楚怎样使人和环境配合得更理想。我想知道的是，你的测验能否事先筛选出适合做保险的业务员，这样我们可以节省大量成本。”

“他们为什么辞职？”

克瑞顿大致说了一下辞职的过程：“即使是最好的业务员，每天也会遭到很多次拒绝，而且这些拒绝多半是接二连三的，这对他们的士气打击很大。所以业务员会感到气馁，一旦他们气馁了，拒绝对他们来说就越来越难接受，使他们越来越难以鼓起勇气去打下一个电话。于是他们一直拖着不打电话，而越不打电话就越没有业绩，一旦没有业绩，他们就开始考虑离职。当碰到障碍，走不通时，很少有人会想着越过它、绕过它或从底下穿过去。”

“你要明白，”他说，“这个行业最吸引人的地方是它的独立性，没有人天天盯着那些员工，他们有相当大的自由度。而另一方面就是，只有坚持打到第十个电话的人才会成功。”

我向克瑞顿解释了习得性无助理论以及解释风格，然后告诉他有关乐观及悲观的问卷，还告诉他悲观分数高的人遇到挫折很快就会放弃，而且会变得抑郁。但这个问卷并不只是辨别悲观而已，它呈现的是一个连续的分数段，从极度抑郁到极度乐观。极度乐观的人应该最锲而不舍、不屈不挠，他们对抑郁症最具免疫力。

“从来没有人研究过这些极度乐观的人，”我说，“他们很可能就是能够在保险销售这种具有挑战性的行业里成功的人。”

“告诉我乐观为什么有用。”克瑞顿说。我回答乐观的解释风格影响的不只是保险业务员对未来客户说的话，更重要的是当客户说不要时他们对自己说的话。一个悲观的业务员可能会对自己说：“我不行，没有人愿意买我的保险。”在经过几次这种事后，这个业务员就会说：“今天到此为止算了，我回家去吧！”这样的情况发生几次后，他逐渐就会想辞职了。

一个乐观的业务员可能会对自己说，“他现在太忙，不能接电话”，或“他已经买保险了，但 10 个人中有 8 个是还没买保险的”，或“我可能不应该在吃晚饭的时间打电话”，或根本不对自己说任何话。对他们来说，第二个电话并不会特别难打，几分钟之后，这个业务员可能就会找到一个肯买保险的人。这个小成绩会立刻给他带来活力，因此他又会连续打 10 个电话，又得到另一个面谈的机会，这会让他的销售才能充分发挥出来。

在我走进克瑞顿的办公室以前，他已经知道乐观是成功推销保险的秘诀，他只是想知道有没有人可以测量乐观。我们决定先做一个简单的相关性研究，来看一下已经成功的业务员是否是极度乐观的。如果他们是，我们就再进一步研究，我们的目标是制定一个全新的筛选业务员的方法。我们用的问卷与第 3 章的问卷不同。在这个归因风格问卷中，有 12 个描写情境的问题，一半是有关不好的事件的，另一半是有关好事件的，你要去想象这件事发生在你身上，然后选出最可能的原因。然后，你要对刚刚选出来的原因进行评分，分值为 1 ～ 7 分，维度包括外在化、内在化、永久性和普遍性。

第一次，我用这个问卷测验了 200 名有经验的业务员，其中一半人很有热情、业绩很好，另一半人比较懒散、业绩不好。业绩好的业务员的乐观分数比业绩不好的人高很多。当我们把测验分数和销售业绩配对起来时，我们发现在测验中最乐观的业务员，最初两年的销售业绩比悲观的业务员高 37%。前 10% 的乐观销售员的业绩比后 10% 的悲观销售员的业绩高了 88%。由此可见，我们的测验对商业界会很有帮助。

## 决定成败的 3 个关键因素

许多年来，保险业自己发展了一套筛选保险业务员的测验。所有应聘大都会保险工作的人都必须先经过这套测验。只有分数在 12 分以上的人才会被录用，大约有 30% 的人可以考到 12 分以上。

一般来说，有两种问卷可以预测各行各业人员的成功潜能：经验测验和基于理论的测验。经验测验是以已经在这个领域中成功的人或在这个领域中失败的人为对象，给他们一大堆问题，范围很广，例如“你喜欢古典音乐吗”“你想赚很多钱吗”“你有没有很多亲戚”“你喜欢参加宴会吗”。大部分单一的这类问题无法区分出测试者的优劣，但几百个这样的问题还是可以的。这几百个问题就变成预测工作成功与否的测验题，凡是合适的应聘者都有类似的人格轮廓。事实上，经验测验无法告诉你为什么有些人会成功，这些问题只是碰巧能区分出合适的和不合适的人。

基于理论的测验就不一样了，这类测验包括智商测验、高考等。高考背后的理论认为智慧包含着语文技能、数理分析能力等，因为这些技能都与你在学校的学业表现有很大的关系。因此，高考成绩好就被假定可以预测一个人的智慧程度。

但是，经验测验和基于理论的测验都犯了一些错误。例如，很多人高考成绩不好，但进了大学以后表现良好，工作中也成绩斐然。更突出的例子是大都会保险公司的情况，很多人在职业剖析上分数很高，但销售业绩却很差。但是有没有这个可能：在职业剖析上得分低的人，却是很好的保险业务员呢？大都会保险公司并不知道，因为他们从来没有雇用过这些分数低的人。

我们的归因风格测验是基于理论的测验，但它的理论与传统的成功观点很不同。传统的观点认为成功有两个必备要素：第一是能力或天资，智商测验和高考都是用来测量它的；第二是动机，不管能力多强，如果缺乏动机，你就不会成功。足够的动机可以弥补能力上的不足。

我认为传统的观点并不完善。一位作曲家就算有莫扎特的天分和强烈的成功动机，如果他认为自己不擅长作曲，他也还是不会成功——他的悲观想法会让他很容易放弃。成功需要坚持，一种遇到挫折也不放弃的坚持，我认为乐观的解释风格是坚持的灵魂。

成功的解释风格理论认为，要筛选出能在有挑战性的工作上获得成功的人，要考虑三个要素：（1）能力；（2）动机；（3）乐观。这三者决定了成败。

## 只录用最乐观的人

对为什么业绩好的业务员有高的乐观分数有两种解释。一种解释是乐观促成了好业绩，悲观造成了糟糕的业绩。另一种解释是好业绩使你乐观，糟糕的业绩使你悲观。

我们的下一步研究就是要找出谁是因谁是果。我们的做法是在员工最初被雇用时就测量他们的乐观程度，然后看下一年谁的表现最好。1983 年 1 月，我们测量了大都会保险公司宾夕法尼亚分公司的 104 位新进员工，他们全都通过了职业剖析测验，也接受了在职训练，然后接受归因风格测验。我本来以为要等一年，有业绩数据后才能做比较，但没有想到测验成绩已经令我们目瞪口呆了。

我们对新进人员的乐观程度大为吃惊，他们的团体平均 G-B 分数（好事件的解释风格和坏事件的解释风格的差别）超过了 7 分，这远在平均水平之上。这说明除非是最乐观的人，否则根本不必来应聘。保险公司的业务员远比我们测验过的其他行业的人乐观。对验证我们的理论来说，我们真是选对了行业。这是一个需要有非常乐观的态度才能进入并成功的行业。

一年以后，我们检验这些人的业绩，果然如克瑞顿所警告的那样，有超过一半的新员工辞职了——104 人中有 59 位辞职。为什么？

在归因风格测验中，乐观分数低的员工的离职率是乐观分数高的员工的两倍，而分数最低的后 1/4 的员工的离职率是分数最高的前 1/4 的 3 倍。职业剖析成绩差的员工的离职率并没有比成绩好的高，那么他们的业绩又如何呢？

在归因风格测验中，分数高的那一半比分数低的另一半多卖了 20% 的保险，分数最高的前 1/4 的业务员比最差的后 1/4 多卖了 50% 的保险。在这方面，职业剖析测验也是很好的预测工具，因为在职业剖析中分数高的一半比分数低的一半多卖了 37% 的保险。如果将这两个测验合并起来看，我们看到这两个测验成绩都比较好的那一半的业务员比差的那一半多卖了 56% 的保险。所以，乐观与否可以预测出谁会留下来，谁的业绩会更好，它跟保险业自己的测验一样有效。

那么，这项研究是否验证了乐观的态度可以预测销售成绩呢？并没有。在大都会保险公司完全采信归因风格测验之前，还有两个问题需要解决。第一，只有 104 位业务员接受了测验，他们全都来自宾夕法尼亚分公司，样本可能不具有代表性。第二，他们在接受测验时已经进入了公司，他们是否被录用不取决于测验结果，因此不会造假；但如果大都会保险公司开始用归因风格测验作为筛选工具，那么应聘者可能会造假，这样测验就无效了。

第二个问题很容易解决。我们做了一项研究，告诉被试如何欺骗测验（尽可能假装乐观），另外为了加强欺骗的动机，实验者提供 100 美元的奖金给得分最高的人。虽然有了这些知识和动机，他们的分数仍然没有高过另一组诚实作答的被试。换句话说，这是一个很难作弊的测验。

我们现在可以进行正式的实验了。在这个实验里，我们把这个测验作为录用与否的标准。1985 年，全美 15 000 名应聘大都会保险公司业务员的人接受了归因风格测验和职业剖析测验。我们有两个目标。第一个是仅用职业剖析测验录用 1 000 名新业务员，完全不考虑归因风格测验的成绩。我们想看看这 1 000 人中，乐观者会不会比悲观者业绩好。

第二个目标对大都会来说稍冒险了一点——我们决定录用一些特别乐观的人，这些人职业剖析测验的分数为 9 ～ 11 分，未达到 12 分的标准。我们录用了 129 名没有任何一家保险公司会录用的人做业务员，不过他们并不知道背后的细节。如果这个实验失败了，大都会保险公司会损失 300 多万美元的培训费。在之后的两年里，我们监控了这 129 名业务员的表现，下面就是实验的结果。

第一年里，在用传统方法招录进来的人中，乐观者比悲观者表现得好，不过销售业绩差距不大，只有 8%。但是到了第二年，乐观者比悲观者多卖了 31% 的保险。用特别方法招录进来的业务员表现好极了，他们比用传统方法招录进来的悲观组在第一年业绩就提升了 21%，到了第二年，差距增大到 57%，他们甚至比用传统方法招录进来的 1 000 人头两年的平均销售业绩还高 27%。事实上，他们至少跟以传统方法录用的业务员的乐观组的业绩一样好。

我们也看到，与悲观组比起来，乐观组一直在进步，为什么？我们的答案是乐观造成了坚持。一开始，能力、动机跟坚持一样重要，但时间一久，被拒绝得越来越多时，坚持就变得比前两项更重要了。乐观的测验跟职业剖析测验一样可以准确地预测出销售业绩。

## 化悲观为乐观，夺回龙头地位

20 世纪 50 年代，大都会保险公司是保险业的龙头，它旗下有 20 000 多名业务员。在以后的 30 年里，大都会决定减少业务员的人数，而靠别的方法去卖保险。到 1987 年我们做完这个特别录用的实验时，大都会在保险业的地位已经被其他公司取代，员工也缩减到了 8 000 人左右。要扭转这个趋势需要新的、强势的领导集团，克瑞顿引进了鲍勃·克里明斯（Bob Crimmins），一个银发、充满活力、口才极佳的人，克里明斯又引进了霍华德·梅斯（Howard Mase）博士，梅斯博士曾非常成功地为花旗银行培养了管理人才。他们希望引进新的筛选和培训方法，目标是将业务员增加到 10 000 名左右，如果业绩好，下一年再增加到 12 000 名，并希望能夺回以前的市场地位。他们觉得我那个特别录用的研究可能有用，因为研究显示了乐观可以预测成功，准确性远超过传统的雇用标准。

大都会保险公司决定以后都用归因风格测验作为筛选业务员的标准。在克里明斯和梅斯的领导下，大都会保险公司采取了一个双元政策来录用新业务员：录用归因风格测验分数高但职业剖析测验分数低一点的人，而这批人在旧有的筛选制度之下是根本不予考虑的；那些虽然通过职业剖析测验但非常悲观的人则不予录用。通过这种方式，大都会保险公司达到了目标，把销售生力军扩展到了 12 000 人，增加了 50% 的个人保险市场占有率。听说后来大都会保险公司已经夺回了保险业的龙头地位。由此看来，心理学真的很有用武之地。

## 人为什么会悲观

我再次出现在克瑞顿的办公室，脚下的地毯依然厚重柔软，橡木的墙板依然光亮，但我们都苍老了一些。我们初次见面时，克瑞顿刚刚接任大都会保险公司的CEO，再次见面时他已成为美国商界的领军人物，他告诉我，再过一年他就要退休了。回顾过去的成就，我们发现：乐观可以预测一个人能否成为好的保险业务员，使整个保险业筛选员工的方式都发生了改变。

“有一件事一直萦绕着我，”克瑞顿说，“每个行业都有一些悲观的人，他们可能资历很深，可能是某一行的专家，所以我很难影响他们。我现在年事渐高，越来越感到那些悲观者的力量，他们总是告诉我不能做什么，或者只告诉我什么地方做得不对。我知道悲观的态度冻结了他们的行动、想象力和主动性。我相信如果能乐观一点，他们会更好，对公司也会更有利。所以，这是我现在的难题：你能不能使一个人成为乐观的人，即使他已经有30年甚至50年的悲观思维模式了。”

这个问题的答案是肯定的，但是克瑞顿谈的不是他的销售队伍而是董事会，特别是那些保守的董事。我不知道该如何去改造一个官僚，你不能叫这些董事去做测验，去上课，去接受认知治疗。就算克瑞顿可以做到，但教他们乐观可行吗?

那天晚上以及后来的很多个晚上，我都在想克瑞顿的要求。在一个经营良好的公司里，是否有合适的岗位给悲观的人?在顺利的人生旅途中，悲观是否有其作用呢?其实悲观无所不在，有些人甚至一生都在为它所苦。除了那些极端的乐观者，所有的人都吃过它的亏。难道悲观是大自然的一个错误吗?还是说它也有存在的意义和价值?

悲观可以帮助我们认清事情的真相，在生活的某些层面，乐观是不切实际的。在我们跌倒、失败时，用玫瑰色的镜片来看事情会让我们好过些，但这并不能改变事实。有时候我们要承认自己输了，转变努力的方向，而不是找理由紧抓着不放。

当克瑞顿问我是否可以改变大都会保险公司董事们的悲观想法时，我担心的不是我可不可以做到，而是这样做会不会有什么害处。或许董事的某些悲观想法是有一些用处的，的确需要有人对狂热的计划泼些冷水。这些悲观的人能够爬上企业的最高层，肯定有他们的可取之处。

那天晚上，回想着克瑞顿的抱怨，我再一次仔细地思考着长久以来困扰我的一个问题：为什么人类的进化会允许悲观和抑郁症的存在？乐观显然在进化中有自己的作用。莱昂内尔·泰格（Lionel Tiger）在《乐观：希望的生物学》（*Optimism:The Biology of Hope*）中提出，人类在进化中生存下来是因为人类对真实世界有着乐观的幻觉，相信现实会变得比原来更好的希望驱使着人类去超越自己，去发挥潜能。

那么，悲观的作用是什么？或许它可以校正我们的一些错误，使我们能够正确地认识现实。

但这是一种令人不安的想法，抑郁的人看世界竟然比不抑郁的人更真实、更正确，这暗示着不抑郁的人看世界的眼光是扭曲的。作为一个治疗师，我被训练去相信自己的工作是帮助那些抑郁症患者，让他们快乐一点，让他们更清楚地认识这个世界，但或许真相是令人不快的。一个好的治疗师或许只是让抑郁症患者有个美丽的幻觉，让患者认为这个世界是美好的。事实上，有一些证据显示抑郁的人虽然比较哀伤，但比较有智慧。

10 年前，当劳伦·阿洛伊（Lauren Alloy）和艾布拉姆森还是宾夕法尼亚大学的研究生时，他们做了一个实验：一组被试对房间电灯亮不亮有不同程度的控制权，有些人具有完全的控制权，他们按开关电灯就亮，不按时电灯就不亮；另一组人则具有不完全的控制权，有时他们没有按开关电灯也会亮起来，当然有时这一组人也有控制权，按了开关灯就会亮起来。

然后，实验者让这两组人尽可能准确地去判断他们对灯光的控制权有多大。结果发现，在有控制权和无控制权的实验情境下，抑郁的人判断都比较准确。而不抑郁的人的表现令我们吓了一跳：当有控制权时，他们的判断很准确，但当具有不完全的控制权（即无助的情境）时，他们也没有气馁，依然认为自己有极大的控制权。

因为担心灯光和按钮对人来说太无足轻重，所以阿洛伊和艾布拉姆森增加了金钱的诱惑。当被试能正确控制灯光时就可以赢钱，当按开关而灯不亮时就会输钱。即便这样，不抑郁的被试夸大自己控制权的特点也没有消失，反而更突出了。有一个实验情境是这样的：每个人都有部分控制权，但实验被设计成每个人都输钱。在这种情况下，不抑郁的人判断自己的控制权比实际的小。如果实验改成被试都赢钱，不抑郁的人会认为自己有很大的控制权，比实际的更大。抑郁的人则无论输赢都很沉静，且判断相对更准确。

这些是非常一致的发现：抑郁的人（大部分是悲观者）可以正确地判断出自己的控制权，而不抑郁的人（大部分是乐观者）相信自己有比实际上更大的控制权，尤其是处于无助情境时，他们反而会高估自己的控制权。

一个证据是之前的研究。许多年前，《新闻周刊》报道说 80% 的美国男性认为自己的社交能力很好。这些人一定是不抑郁的美国男性，因为俄勒冈大学的心理学家彼得·卢因森（Peter Lewinson）对此有所研究。他把抑郁和不抑郁的人安排在一个研讨会上发言，然后让他们评定自己的表现，是否有说服力，是否受欢迎，同时也请观察者来评分。结果发现，抑郁的人不太有说服力，不太受欢迎，抑郁症的症状之一就是社交能力很差。抑郁的人能正确判断自己缺乏社交能力。令人惊奇的发现依然来自不抑郁的那一组：他们显著地高估了自己的社交能力，他们对自己的说服力以及受欢迎程度的评价都远比观察者的评价高。

另一个证据是有关记忆的。一般来说，抑郁的人对不好事件的记忆比对好事件的记忆好，不抑郁的被试则正好相反，对好事件的记忆力更好。那么，究竟谁是更准确的呢？如果真的可以知道世界上好的和坏的事件的数目，那我们就知道谁能够更准确地看待过去了。

当我刚成为治疗师的时候，前辈告诉我，想知道患者确切的生活情况，问患者本人一点用也没有，因为你听到的都将是他们的父母不爱他们，他们的投资失败，等等。但有没有可能这些患者说的是实话呢？

这种情况一再出现在我们的解释风格研究中，即不抑郁的人判断偏颇，而抑郁的人判断相对准确。在第 3 章的测验中有一半是不好的事件一半是好的事件，你可以选 A 或选 B 作为这些事件的原因。你会得到一个 G–B 的分数，你的分数与抑郁者的比起来会怎么样？无论对好的事件还是坏的事件，抑郁者的解释风格都差不多。也就是说，抑郁者的 G–B 分数在 0 分上下，他们是不偏不倚的。而不抑郁的人的分数比 0 分高很多，他们是偏颇的。对不抑郁的人来说，坏事的原因是外在的、暂时的、特定的，而好事的原因是内在的、永久的、普遍的。一个人越乐观，他的判断就越偏向好的一边。

整体来说，不抑郁的人扭曲外界的事实来迎合自己，而抑郁的人看世界更准确一些。从统计上来看，抑郁的人的解释风格偏向悲观，而不抑郁的人偏向乐观。这说明乐观者扭曲世界，而悲观者能正确地看世界。不过我们也要记住，这种关系是就统计上来说的，并不是每一个悲观者都能准确地看待真实世界，乐观者中也存在少数的现实主义者。

关于抑郁者正确判断的研究是否只是为了满足研究者的好奇心？我认为不是，它其实是关于为什么会有抑郁症的第一个确切线索。对于前面我们问的“为什么进化会允许悲观和抑郁留下来”那个问题，这是最有可能的一个答案。如果悲观是抑郁症和自杀的根源，而且会引起低成就、不良的免疫功能并损害健康，那为什么它没有在几个世纪前灭绝呢？

悲观的益处在进化的后期才显现出来。我们是冰河时期的动物，我们的情绪受到十万多年前地球气候灾难的塑造，能够活过冰河时期的老祖宗很可能都是未雨绸缪、看到阳光就会思虑严冬的人。我们遗传了祖先的脑，同时也遗传了他们常常看到乌云而看不到光明的特质。

对现代人来说，在某些场合，悲观也会起到作用。试想在一个成功的大企业，研发、企划、市场营销等岗位需要有远见、有梦想的人，他们能帮助公司超越现有的能力而迎向未来。这些都是乐观者的特点。但试想一下，假如这个公司只有乐观者，所有人都只看到未来令人兴奋的可能性，那这家公司很快就会出大问题。公司也需要悲观的人，需要对现实世界有正确概念的人，公司的会计、出纳、财务经理、总经理、管安全的工程师等都需要正确的概念。

我们应该说明的是，这些人并不是彻底的悲观者。他们中的大多数人如果不是职业的原因，很可能也是愉快、满怀希望、自信的人。他们的职业使他们有了悲观者的小心谨慎。这些轻度悲观者，或者说职业悲观者，似乎能充分利用悲观来做出正确的判断，而没有尝受到悲观的痛苦，他们的健康也没有因为悲观而付出代价。

所以，一个成功的企业需要有追梦的乐观者，也需要悲观者，即一些小心谨慎的现实主义者。我要强调的是，每家公司的 CEO 都应该是一个有弹性的乐观者，他们可以在乐观的远见和小心谨慎的现实精神之间取得平衡。

## 乐观与悲观的收支平衡表

成功的生活就像成功的企业一样，需要乐观和偶尔的悲观。我刚刚在替悲观打抱不平，现在让我们来回顾一下对悲观不利的证据，这样我们可以比较一下它的收益和代价。

- 悲观引起抑郁；
- 在遭遇打击时，悲观会引起惰性和不作为；
- 悲观会引起主观的不良感觉，如情绪低落、忧虑、焦虑；
- 悲观是自我实现的，悲观者在面对挑战时会退缩，所以即使成功在望，也会变成失败；
- 悲观与不良的健康状况有关；
- 悲观者在竞争中容易败北；
- 即使悲观者是对的，事情的确不好，他们的悲观解释也会把小不幸变成大灾难。

由此可见，这张收支平衡表应该偏重于乐观，不过偶尔在某时、某地，我们也会需要悲观。第 12 章对什么人、什么情况下不应该太乐观进行了说明。

所有人，包括极度乐观和极度悲观的人，都经历过抑郁和欢快。我们的情绪在每天的不同时段有所不同，对女性来说，每个月也有某个时段比较容易抑郁。通常是刚起床时比较抑郁，太阳越往西移抑郁程度越轻，不过这还受到基本休息与活动周期的影响。在基本休息与活动周期达到高潮时，我们比较乐观，在低潮时，我们会倾向悲观和抑郁。

在悲观时段，我们可以看出悲观在生命中也有重要的作用。轻度的悲观使我们在做事前三思，不会做出愚蠢的决定；乐观使我们的生活有梦想，有计划，有未来。现实被善意地扭曲了，以使想象力有空间得以发挥。假如没有这些梦想，我们永远都不敢去尝试新事物，也不会知道自己的潜力有多大。

进化很厉害的地方就在于它利用乐观和悲观之间的动态平衡来互相牵制、互相校正。我们可以学习在大部分时间里选择乐观，但是在必要时也可以利用悲观。

## 塞利格曼的乐观课堂

Authentic Happiness

1. 传统的成功观点并不完善。要成功，除了具备能力和动机之外，还需要坚持，遇到挫折也绝不放弃的坚持，而乐观的解释风格则是坚持的灵魂。

2. 成功的生活需要大部分时间的乐观和偶尔的悲观。轻度的悲观使我们在做事之前三思，不会做出愚蠢的决定；乐观使我们的生活有梦想，有计划，有未来。

第 7 章

# 孩子为什么会悲观

塑造孩子乐观或悲观的关键是：
妈妈的解释风格、他人的批评方式、生命中的危机。

**身边的悲喜故事**

戴维5岁时，我妻子和我离婚了。我跟戴维委婉地解释这个事实，但一点用也没有。每个周末他都问我会不会再和他妈妈复婚。没有办法，我决定直截了当地告诉他真相。我和他妈妈相爱过，但现在不爱了，而且以后也不会再相爱，所以我们不会再结婚了。

为了使他更明白，我问他："你有没有以前很喜欢一个朋友，后来又不喜欢他了？"

"有。"他很勉强地同意，努力回想有没有这种情形。

"这就是你妈妈和我的感觉，我们不喜欢彼此了，我们以后也不会再喜欢彼此，所以我们不会再跟对方结婚了。"

他抬起头来，用亮晶晶的眼睛看着我，点头表示他明白了。然后，他说了最后一句话来结束这次讨论："你还是可能跟妈妈结婚的！"我彻底服了，孩子对未来的希望是如此不可磨灭。

解释风格对成人的生活影响非常大，它可以引起抑郁，也可以使人在悲剧发生后立刻振作起来；它可以让人对生活失去兴趣，也可以使人充分享受人生；它可以阻止人实现自己的目标，也可以使人超越自己的目标。我们下面会看到，解释风格如何影响别人对你的看法，如何把别人变成同盟或敌人，以及如何影响身体健康。

## 测一测你的孩子是否乐观

解释风格是在童年期形成的，那个时候发展出来的悲观或乐观态度是基础性的，新的挫折或胜利经过它的过滤，最后变成一种牢固的思维习惯。在这一章里，我们要问这些解释风格的根源是什么，对孩子来说，这些风格的后果是什么，如何才能改变它们。

如果你的孩子已经超过 7 岁，那他可能已经发展出一种解释风格了，而这种风格正在定型中。你可以用“儿童归因风格问卷”给他做测验，这份问卷有成千上万的孩子做过，8 ～ 13 岁的孩子大约 25 分钟就能做完。如果你的孩子超过 13 岁了，那你可以让他做第 3 章的测验。对于 8 岁以下的孩子，其实没有什么纸笔测验，但还是有一些方法可以测量他们的解释风格，我会在下一章谈到。

在孩子进行这个测验之前，请花 20 分钟跟他说下面的这些话。

> 每个小孩遇到事情都会有自己的想法，我读过一本书，上面谈到了这个问题。我在想，遇到这些事情时，你会怎么想。你来看，这些问题真的很有趣，问你对某个情况会有什么样的想法。每个问题都像个小故事，而每个故事都有两种反应方式，你应该选一个最符合你反应的选项。
>
> 这有一支笔，你试着回答看看。想象这个故事就发生在你身上，即使没有真的发生过也没关系，然后选 A 或 B，选那个最能代表你的感觉的选项。这个测验没有标准答案。你要不要试试看？现在让我们来看一下第 1 题。

一旦开始，他就可以自己做下去，不需要你帮忙。但对于年幼的孩子，你可能需要把每道题读给他听。

## 儿童归因风格问卷

| | |
|---|---|
| 1. 你考试拿了个 A。 | PvG |
| A 我很聪明。 | 1 |
| B 我擅长这一科。 | 0 |
| 2. 你跟朋友玩游戏时赢了。 | PsG |
| A 跟我玩的人不太会玩这个游戏。 | 0 |
| B 我很会玩那个游戏。 | 1 |
| 3. 你在朋友家过夜，你们玩得很痛快。 | PvG |
| A 我朋友那天晚上心情很好。 | 0 |
| B 那天晚上，我朋友家的每个人都很友善。 | 1 |
| 4. 你跟一群人去度假，你玩得很开心。 | PsG |
| A 我那时心情很好。 | 1 |
| B 和我一起度假的人那时心情很好。 | 0 |
| 5. 你的朋友都得了感冒，只有你没得。 | PmG |
| A 我最近很健康。 | 0 |
| B 我是个很健康的人。 | 1 |
| 6. 你的宠物被汽车轧死了。 | PsB |
| A 我没照顾好我的宠物。 | 1 |
| B 开车的人太不小心了。 | 0 |
| 7. 有的小朋友说他们不喜欢你。 | PsB |
| A 有的时候他们对我不友好。 | 0 |
| B 有的时候我对他们不友好。 | 1 |
| 8. 你的学习成绩很好。 | PsG |
| A 学校的课程很简单。 | 0 |

| | |
|---|---|
| B 我很努力。 | 1 |
| 9. 你碰到一位朋友，他说你看起来很精神。 | PmG |
| A 我朋友那天喜欢称赞别人的外表。 | 0 |
| B 我朋友通常会称赞别人的外表。 | 1 |
| 10. 一个好朋友告诉你，他恨你。 | PsB |
| A 我的朋友那天心情不好。 | 0 |
| B 我那天对他不友好。 | 1 |
| 11. 你讲了一个笑话，但没有人笑。 | PsB |
| A 我不太会讲笑话。 | 1 |
| B 这个笑话大家都听过，所以不觉得好笑。 | 0 |
| 12. 你听不懂老师今天课上讲的内容。 | PvB |
| A 我那天心不在焉。 | 1 |
| B 老师讲课时，我没注意听。 | 0 |
| 13. 你考试不及格。 | PmB |
| A 老师总出难题。 | 1 |
| B 最近几个星期，老师出的题目都很难。 | 0 |
| 14. 你体重增加了很多，看起来很胖。 | PsB |
| A 我吃的食物都会让人发胖。 | 0 |
| B 我喜欢吃会让人发胖的食物。 | 1 |
| 15. 有人偷了你的钱。 | PvB |
| A 偷钱的人不老实。 | 0 |
| B 现在的人都不老实。 | 1 |
| 16. 你的父母夸奖你做的东西。 | PsG |
| A 我很会做东西。 | 1 |

| | |
|---|---|
| B 我父母喜欢我做的东西。 | 0 |
| 17. 你玩一个游戏，然后赢了钱。 | PvG |
| A 我是一个幸运的人。 | 1 |
| B 玩游戏的时候，我的运气很好。 | 0 |
| 18. 你在河里游泳的时候差点被淹死。 | PmB |
| A 我不是一个很小心的人。 | 1 |
| B 有的时候我不太小心。 | 0 |
| 19. 你被邀请去参加很多的聚会。 | PsG |
| A 最近很多人都对我很友善。 | 0 |
| B 最近我对很多人都很友善。 | 1 |
| 20. 有个大人对你吼叫。 | PvB |
| A 那个人总对人大吼大叫。 | 0 |
| B 那个人那天对很多人吼叫。 | 1 |
| 21. 你跟一组小朋友合作完成一个项目，但结果很不理想。 | PvB |
| A 我跟那组人合作得不好。 | 0 |
| B 我从来没有跟别人合作好过。 | 1 |
| 22. 你交了一个新朋友。 | PsG |
| A 我的为人很好。 | 1 |
| B 我遇见的那个人很好。 | 0 |
| 23. 你跟家人相处得很好。 | PmG |
| A 我总是跟家人相处融洽。 | 1 |
| B 我有时候跟家人相处融洽。 | 0 |
| 24. 你去卖糖果，但没人买你的。 | PmB |
| A 最近很多小孩都在卖东西，所以人们不愿再买小孩的东西了。 | 0 |

| | |
|---|---|
| B 大人不喜欢买小孩的东西。 | 1 |
| 25. 你玩一个游戏，你赢了。 | PvG |
| A 有时候我玩游戏很尽心。 | 0 |
| B 有时候我做事很尽心。 | 1 |
| 26. 你的学习成绩不好。 | PsB |
| A 我很笨。 | 1 |
| B 老师很不公平。 | 0 |
| 27. 你走路撞到门上，鼻子流血了。 | PvB |
| A 我走路时不看路。 | 0 |
| B 我最近很不小心。 | 1 |
| 28. 你漏了一个球，你所在的球队因此输了。 | PmB |
| A 那天我没有尽全力。 | 0 |
| B 我打球常常不尽全力。 | 1 |
| 29. 你上体育课时扭了脚。 | PsB |
| A 过去几个星期，体育课上练的项目都很危险。 | 0 |
| B 过去几个星期，我上体育课时很不小心。 | 1 |
| 30. 你父母带你去海边玩，你玩得很痛快。 | PvG |
| A 那天在海边事事如意。 | 1 |
| B 那天海边的天气很好。 | 0 |
| 31. 你坐的火车晚点了，这使你没有赶上看表演。 | PmB |
| A 过去几天火车都不准点。 | 0 |
| B 火车几乎没有准点过。 | 1 |
| 32. 你妈妈做了你最爱吃的晚饭。 | PvG |
| A 我妈妈会为了让我高兴而做一些事。 | 0 |

| | |
|---|---|
| B 我妈妈喜欢让我高兴。 | 1 |
| 33. 你所在的球队输了。 | PmB |
| A 队友们合作得不好。 | 1 |
| B 那天队友们合作得不好。 | 0 |
| 34. 你很快就做完了作业。 | PvG |
| A 最近我做什么都很快。 | 1 |
| B 最近我做作业很快。 | 0 |
| 35. 老师问你一个问题，你答错了。 | PmB |
| A 每次回答问题我都会很紧张。 | 1 |
| B 那天回答问题时我很紧张。 | 0 |
| 36. 你上错了公交车，然后迷路了。 | PmB |
| A 那天我心不在焉。 | 0 |
| B 我通常对周围发生的事心不在焉。 | 1 |
| 37. 你去游乐场玩得很开心。 | PvG |
| A 我通常在游乐场都玩得很开心。 | 0 |
| B 我通常玩得很开心。 | 1 |
| 38. 一个大孩子打了你。 | PsB |
| A 我捉弄了他弟弟。 | 1 |
| B 他弟弟告状说我捉弄他。 | 0 |
| 39. 你过生日时得到了想要的礼物。 | PmG |
| A 大人每次都能猜到我想要什么生日礼物。 | 1 |
| B 这次生日，大人猜到了我想要什么生日礼物。 | 0 |
| 40. 你去乡下度假，玩得很愉快。 | PmG |
| A 乡下非常漂亮。 | 1 |

| | |
|---|---|
| B 我们去的季节很好。 | 0 |
| 41. 你的邻居请你去他家吃饭。 | PmG |
| A 有时候人们很友善。 | 0 |
| B 人们很友善。 | 1 |
| 42. 代课老师很喜欢你。 | PmG |
| A 我那天很守纪律。 | 0 |
| B 我上课从来都很守纪律。 | 1 |
| 43. 你让你的朋友乐不可支。 | PmG |
| A 我是个有趣的人。 | 1 |
| B 有时候我是个有趣的人。 | 0 |
| 44. 你得到一个免费冰激凌。 | PsG |
| A 我那天对卖冰激凌的人很友善。 | 1 |
| B 卖冰激凌的人那天心情很好。 | 0 |
| 45. 在朋友的聚会上，魔术师叫你做他的助手。 | PsG |
| A 纯粹是我运气好。 | 0 |
| B 我对他的表演表现出非常感兴趣的样子。 | 1 |
| 46. 你想说服一个朋友跟你一起去看电影，但是他不去。 | PvB |
| A 那天他什么事都不想做。 | 1 |
| B 那天他不想去看电影。 | 0 |
| 47. 你父母离婚了。 | PvB |
| A 夫妇通常很难相处得很好。 | 1 |
| B 我父母相处得很不好。 | 0 |
| 48. 你想加入一个俱乐部，可没成功。 | PvB |
| A 我跟别人合不来。 | 1 |
| B 我跟那个俱乐部的人合不来。 | 0 |

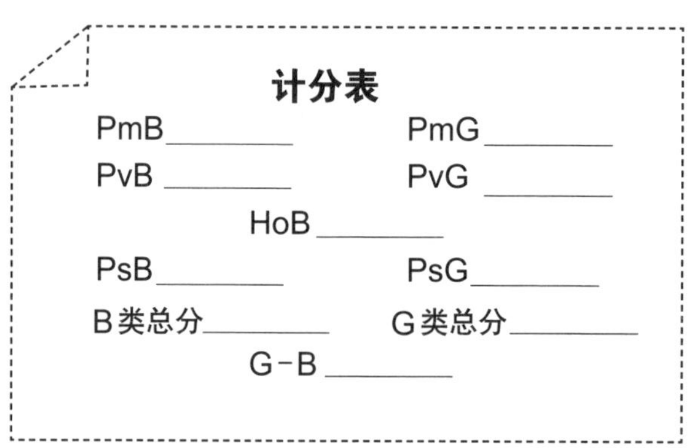

**计分表**

PmB________ PmG________

PvB________ PvG________

HoB________

PsB________ PsG________

B类总分________ G类总分________

G－B________

现在你可以计分了。你可以跟孩子一起计分，如果要告诉孩子他的分数，请同时解释这个分数的意义。

首先，将标有 PmB 的第 13、18、24、28、31、33、35 和 36 题的分数相加，将总分写在计分表的 PmB 栏内。再将标有 PmG 的第 5、9、23、39、40、41、42 和 43 题的分数相加，将总分写在计分表的 PmG 栏内。

然后，计算普遍性维度上的分数。标有 PvB 的题目为第 12、15、20、21、27、46、47 和 48 题。标有 PvG 的题目为第 1、3、17、25、30、32、34 和 37 题。将标有 PmB 和 PvB 的题目的分数相加，将总分写在 HoB（希望）一栏。

现在加人格化的分数。标有 PsB 的题目为第 6、7、10、11、14，26、29 和 38 题。标有 PsG 的题目是第 2、4、8、16、19、22、44 和 45 题。

首先，将 PmB、PvB 和 PsB 的分数相加，得出你有关不好事件的分数，填入 B 类总分栏；其次，将 PmG、PvG 和 PsG 的分数相加，得出你有关好事件的分数，填入 G 类总分栏；最后，用 G 类总分减去 B 类总分，将得分写在计分表的最后一栏。下面是分数的意义以及其他上万个做过这个测验的孩子们的结果。

男孩和女孩的分数是不同的。女孩在青春期以前明显比男孩乐观。9 ～ 12 岁女孩的平均分数（G–B）是 7.0 分，9 ～ 12 岁男孩的平均分数是 5.0 分。如果你女儿的平均分数为 4.5 分，那么她有一点悲观；如果分数低于 2.0 分，那她是非常悲观的，有得抑郁症的危险。如果你儿子的分数低于 2.5 分，那他是有些悲观的；如果分数低于 1.0 分，那他非常悲观，有得抑郁症的危险。

至于 B 类总分，9 ～ 12 岁女孩的平均分是 7.0 分，男孩的平均分是 8.5 分。总分如果比平均分高出 3.0 分以上，则表示这个孩子是非常悲观的。9 ～ 12 岁女孩 G 类总分的平均分和男孩一样，都是 13.5 分，如果你孩子的分数比平均分低 3.0 分以上，则意味着他非常悲观。

在好事件维度上（PmG、PsG、PvG），每一项的平均分大约是 4.5 分，总分为 3.0 分或 3.0 分以下则表示非常悲观。在不好事件的维度上（PmB、PvB、PsB），女孩的平均分为 2.5 分，男孩为 2.8 分，分数为 4.0 分或 4.0 分以上则表示有抑郁的倾向。

## 孩子永远不会绝望

可能你会对结果感到惊讶。一般来说，青春期以前的孩子非常乐观，有无限的希望，对抑郁也是免疫的，但过了青春期之后，他们的乐观开始流失。

孩子的解释风格常常是一面倒的，他们认为好事会一直好，而且这种好都是自己的功劳，这种好运会让各个方面都变好；同时认为不好的事是碰巧发生的，很快就会过去，而且都是别人的错。孩子的乐观分数很像大都会保险公司最成功的业务员的分数，有点抑郁的孩子的分数与不抑郁的成人的分数差不多。似乎没有一个成人能像孩子一样乐观。

孩子也会抑郁，而且他们抑郁的次数和严重程度跟成人一样，但是有一点跟成人很不相同：他们不会绝望，也不会自杀。美国每年有20 000 ～ 50 000 人自杀，这些自杀几乎都是抑郁症的结果。抑郁症的一个重要成分——绝望，是预测自杀的最准确的指标。自杀的人都认为目前这种悲惨的情形会延续到永远，死是唯一的解脱。尽管儿童期自杀的案例有逐渐增多的趋势，但依然很少，而且目前还没有 7 岁以下孩子自杀的记录。

我想这是进化上的需要。孩子是未来的希望，大自然最关注的是孩子是否能长到青春期，从而具有生育能力。大自然不仅在身体方面保护着他们——青春期之前的儿童有着最低的死亡率，还保护着他们的心理，给予他们无限的、不合常理的希望。

虽然有这么多的保护，但有些孩子还是天生比较悲观和抑郁。儿童归因风格问卷可以提供很好的预测，告诉你谁比较容易受到伤害。乐观的孩子，即分数在 5.5 分以上的男孩和分数在 7.5 分以上的女孩，比较可能成长为乐观的青少年和成人。他们会有比较高的成就，而且会更健康。

孩子 8 岁时，解释风格就基本定型了。在小学三年级时，你的孩子对这个世界就已经形成了一种乐观或悲观的看法，而你又知道这种看法对他的前途、健康和成功是非常重要的，所以肯定想知道他的看法是怎么来的，有没有方法可以改变它。

## 孩子为什么会变得悲观

### 妈妈的影响力

关于孩子解释风格的来源，有三种不同的观点。第一种观点认为它与孩子的母亲有关。下面看看西维亚在她 8 岁的女儿玛乔莉面前的反应。母女俩正要进入停车场中的车里。在听她们的对话时，请特别留意西维亚的解释风格。

**玛乔莉：**妈妈，我这边的车门被人撞凹了一块。

**西维亚：**该死！你爸爸会生我气的！

**玛乔莉：**爸爸叫你把新车停得离别人的远一点。

**西维亚：**该死！这种倒霉事总是发生在我身上。我真懒，不想抱着大包小包横穿停车场，我总想少走几步路。我真是笨死了。

西维亚把自己痛骂了一顿，女儿在旁边一字不落地听了进去。不只是骂的内容，就连骂的方式都是不好的。玛乔莉听到妈妈闯祸了，妈妈很笨、很懒，一直都运气不好。这已经够糟了，但西维亚说话的方式比内容更有害。玛乔莉听到的是对这件坏事的四种解释。

1. “这种倒霉事总是发生在我身上。”这是永久性的解释，西维亚用了“总是”。她的解释也是普遍性的，“这种倒霉事”，而不是“被撞”这件事，她没有将这件事界定在一个范围内。她的解释也有人格化的特点，“发生在我身上”，而不是发生在任何人身上。西维亚把自己作为一个受害者挑了出来。
2. “我真懒。”懒是永久性的人格特质。懒在很多情况下是有害的，所以是普遍性的解释，而且西维亚把它人格化了。
3. “我总想少走几步路。”这是人格化的、永久性的解释，不过它没有普遍性。
4. “我真是笨死了。”这是永久性、普遍性以及人格化的解释。

玛乔莉听到了母亲对一件坏事件的四种非常悲观的解释，她学会了用这种风格来看世界。每一天，玛乔莉都听到母亲以永久性、普遍性以及人格化的方式对发生的事情进行分析。玛乔莉跟着一个对她最有影响力的人学习对事件的解释风格：坏事是永久的，会影响到其他每一件事，而且都是自己的错。

孩子非常注意父母的言行，尤其是母亲对事件情绪化的解释。孩子会问很多问题，因为他们要得到对周边发生的事情的解释。一旦父母变得不耐烦，不再回答孩子永无止境的问题，孩子就会从别的地方寻找答案。绝大多数情况下，他们会仔细聆听大人对某件事的解释，而人们平常大约每分钟都有一次解释，只是自己不自觉而已。孩子对这种解释会一字不落地听进去，特别是对不好的事情的解释。他们不仅听，还会注意到这些解释是永久性的还是暂时性的，是特定的还是普遍的，是你的错还是别人的错。

我们给 100 个儿童以及他们的父母做了解释风格测验。结果发现，母亲的乐观程度跟孩子的极为相似，不管是儿子还是女儿。我们很吃惊地发现孩子的解释形态跟父亲的不相似，母亲的跟父亲的也不相似，这表明孩子主要学习了母亲对因果关系的解释风格。

这项研究引发了一个问题：解释风格是遗传的吗？我们会像继承聪明才智一样继承解释风格吗？我们发现解释风格不是遗传来的，因为母亲的解释风格与儿子的或女儿的相似，而父亲的跟谁的都不相似，这与一般的遗传模式不太相符。

为了确定这一点，我们用比较直接的方式来研究这个问题。我们测试从小被收养的儿童，研究他们的乐观程度与其养父母和亲生父母的乐观程度的关系。如果从小被收养的孩子的乐观程度与养父母的相似，而与亲生父母的不相似，那么我们的观点就是对的，即乐观是学习来的。如果孩子的乐观程度与他们从未谋面的亲生父母的相似，那么乐观至少有一部分是遗传来的。

## 老师和父母的批评

当孩子做错事时，你会对他说什么？老师又会对他说什么？注意，孩子不只听大人对他们说什么，还听怎么说。这点在批评上尤其重要，孩子相信这些人的批评，并用它们形成自己的解释风格。

世界知名的发展心理学家卡罗尔·德韦克（Carol Dweck）的研究显示了乐观是如何发展的，或许它可以告诉我们女性在童年时发生了什么事，使得她们比男性更容易得抑郁症。让我们来看一下一个小学三年级的教室。

当你和教室里的小朋友彼此非常熟悉了，你发现的第一件事就是男孩和女孩的举止是完全不同的。女孩安静地坐着，手放在膝盖上，注意听老师讲话。她们的吵闹也只是悄声耳语或窃笑，她们基本上都很守纪律。男孩就不太一样了，他们就算勉强安静地坐着也忍不住要扭来扭去，更何况他们很少能安静地坐着。他们看起来不注意听讲，也不像女孩那样守纪律。他们总是大声喊叫，互相追逐。

全班安静下来，进行测验。老师对考试不及格的同学怎么说？如果是男孩考试不及格，老师一般会说“你上课不注意听讲”“你不努力”“我在教这些题目时，你东张西望，和其他同学说话”。这些解释是什么性质的呢？它们是暂时的、特定的、非普遍的，因为你可以改变它们。

德韦克的研究显示，女孩听到的是非常不同的批评。因为她们上课时看起来很注意听讲，老师不能以这些理由来批评她们，所以老师一般的说法会是“你的数学不好”“你交的作业总是写得乱七八糟的”“你从来不验算”。大部分暂时性的原因，如不注意听讲、不努力，都被剔除掉了，而留下的都是永久性、普遍性的批评。

德韦克给四年级的女生出了一道无解的难题，然后检验她们对失败的解释。她们要把 ZOLT、IEOF、MAPE 等重新组合成有意义的英文单词。每个人都非常努力地去尝试各种组合方式，不过在她们试完各种可能的组合之前，实验者就宣布“时间到”了。

“你为什么没有得出答案呢？”实验者问。女孩的回答大多是“我不擅长字谜游戏”或“我想我不够聪明”。但做同样实验的男孩却回答“我没很专心地去做”“我没尽全力”“谁在乎这个烂字谜游戏啊”。也就是说，女孩对失败的解释是永久性和普遍性的，男孩的解释风格则是比较有希望的——暂时的、特定的，可以改变的。在这里我们看到的是，大人对小孩的批评如何影响了孩子的解释风格。

## 孩子生命中的危机

1981年在德国海德堡，我听到了著名的社会学家艾尔德（Glen Elder）有关孩子在极端恶劣的环境下成长的研究报告。在美国经济大萧条之前，一些有远见的科学家开始了一项有关儿童成长的研究。这项研究持续了60年，被试是美国加州伯克利和奥克兰的儿童。他们接受了详细的测试和面谈，以便研究者了解他们心理的优势与不足。这是一个有关人生发展的研究，它不仅包括这些儿童，还包括他们的孩子，现在他们的孙子也参与了这项研究。

艾尔德谈到了什么样的人安然无恙地渡过了经济大萧条，什么样的人从此一蹶不振。他谈到一些中产阶级的女孩虽在童年遭受了家庭失去财富的打击，但在中年早期就基本上从心理创伤中恢复过来了，而且进入老年期时心理和生理都很健康。和中产阶级的女孩一样，较低阶层的女孩在20世纪30年代也遭遇了贫困，但她们一直没能恢复。到了中年晚期，她们崩溃了。她们的晚年是凄凉的，生理和心理都不健康。

艾尔德推测原因如下。

“我认为那些晚年过得很好的女人从童年期的经济大萧条中学到厄运是可以扭转的。毕竟她们大多数人的家庭在20世纪30年代末和40年代初就恢复了经济地位，这让她们学到了乐观，塑造了她们对不幸事件暂时的、特定的和外在的解释风格。当她们年事已高、好朋友去世时，她们会想‘我还可以交到新朋友’。这种乐观的看法帮助她们维持健康，并积极面对衰老。

“相反，绝大多数低阶层女孩的家庭没有从经济大萧条中恢复过来。她们在大萧条之前就比较穷，之后仍然是穷的，她们学会的是悲观。她们的解释风格是绝望的，当朋友去世时，她们会想‘我再也交不到朋友了’。这种在童年期学会的悲观，影响了她们对每一个新危机的看法，瓦解了她们的健康、成就以及幸福感。”

“当然，这只是一个推测，”艾尔德在演讲结束时这么说，“50 年前没有人想到解释风格这个词，所以没有去研究它。可惜我们没有时间机器，否则我真想回到 20 世纪 30 年代去看看我的推测是否是对的。”

那天晚上，我一直无法入睡，一直想着“可惜我们没有时间机器”这句话。清晨 5 点，我去敲艾尔德的房门。“艾尔德，醒醒，我有话要跟你说，我有办法弄到时间机器！”我把艾尔德从床上拖起来，去散步。

“去年，我接到一位了不起的年轻社会心理学家克里斯托弗·彼得森（Christopher Peterson）的来信。他写道：‘我在一所小学院里，一年要教 8 门课，我的创意都被抹杀了。我很有创意，愿意出差。’我找他来宾夕法尼亚大学，跟我做了两年的研究，他真的很有创意。”

彼得森最有创意的地方是确定那些不肯接受解释风格测验的人的解释风格，这些人包括体育明星、总统、电影明星等。彼得森每天都很仔细地读报纸的体育版，每当在报上看到某位体育明星说了一句有因果关系的话，他就把它当成这个明星回答了解释风格问卷上的一个题目。例如，一个足球运动员说他因为“风向不利”而没射进球，彼得森就把它放在永久性、普遍性及人格化的维度上来评分。分值为 1 ～ 7 分，“风向不利”在永久性上得 1 分，因为这根本不具有永久性；在普遍性上得 1 分，因为风向只会影响踢球，不会影响其他事；在人格化上得 1 分，因为风向不是球员可以控制的，不是他的错。这句“风向不利”是球员对一个不好的事的非常乐观的解释。

彼得森由此就能得出这个球员的解释风格了，而不需要通过问卷测试。下一步，我们证明了这样得来的解释风格跟实际回答问卷得来的解释风格非常相似。我们把这种方法叫作逐字解释内容分析法（content analysis of verbatim explanation，CAVE）。

“艾尔德，”我继续说，“CAVE 的方法就是时间机器，我们不仅可以将它应用到当代不肯做问卷的人身上，还可以把它用到以前不能做问卷的人身上。这就是我为什么要把你叫来。你的前辈研究者有没有留下当年在伯克利和奥克兰面谈的原始资料？”

艾尔德想了一下说：“那时录音机还没有被广泛使用，但我记得面谈者好像用速记的方式做了记录，我可以回去找找看。”

“假如还有原始资料，”我说，“那我们就可以用 CAVE 的方式来给他们评分，看他们的乐观程度。这样，我们就能知道 50 年前每个孩子的解释风格了，也就能证明你的推测是否正确了。”

艾尔德果然回去查了伯克利的档案，他发现有完整的面谈记录，而且是从女性童年期到老年期的完整记录。我们取得资料后，将记录中所有关于因果的谈话摘录出来，让不知道资料来源的评分者根据普遍性、永久性及人格化三个维度进行评分。结果发现，艾尔德的推测大致是正确的。顺利进入老年期的中产阶级妇女大多是乐观者，晚景凄凉的低阶层妇女则大多是悲观者。

第一次使用 CAVE 这个时间机器让我们有了三个收获。

**第一，证明 CAVE 确实是一个强有力的工具。**我们可以用这个方法测知那些不愿意做问卷的人的乐观程度，只要有他们的谈话记录就行。CAVE 适用的范围非常广，记者招待会、日记、心理治疗时的笔记、前线的来信、遗嘱等，所有的话都可以用来做解释风格的分析。我们也可以用这种方法测出因年龄太小而不能做儿童归因风格问卷的孩子的解释风格。

**第二，CAVE 带来新的证据证明了人们的解释风格来自母亲。**1970 年，我们对当年那批伯克利、奥克兰的女孩（她们已经是祖母了）又进行了一次面谈。这次面谈还包括她们的孩子（当时也做了妈妈）。我们把这次面谈的资料拿来做 CAVE，结果发现母亲和女儿的悲观程度具有相似性。就像前面讲的一样，孩子聆听母亲解释生活中发生的事件，从而学会了乐观与悲观。

**第三，CAVE 提供了第一个证据，证明孩提时代所经历的危机会影响人们的乐观性。**安然渡过经济大萧条的女孩相信厄运是可以克服的，是暂时的。那些被经济大萧条击倒、一蹶不振的女孩则认为厄运是命中注定，是逃不掉的。所以，童年期的危机就像是做饼干的模型，把我们塑造成以后的那个样子，我们用童年的解释风格来解释新的危机。

除了艾尔德的研究，还有其他证据支持儿童会从危机中提炼出自己的解释风格，这个证据由英国的乔治·布朗（George Brown）教授提出。在我初次见到他时，布朗已经花了 10 年时间研究伦敦南部最穷困的家庭，与 400 多位家庭主妇面谈，寻找防治抑郁症的方法。在他面谈的家庭主妇中，有 20% 是抑郁的，有一半的人有心理疾病。他想知道在这么恶劣的环境中，究竟是什么因素导致人们患上了抑郁症。

布朗得出了三个保护因素。人们只要具备三者之一，就不会得抑郁症，即使物质非常匮乏，损失非常惨重也没有关系。**第一个保护因素是与配偶或情人有非常亲密的关系，第二个因素是外出工作，第三个因素是家中 14 岁以下的孩子不多于 3 个。**除了这三个保护因素，布朗还得出了两个导致抑郁症的重要因素：**一个是刚刚发生的离别（如丈夫的死亡、儿子的移民），另一个是母亲在她们进入青春期之前就去世，后者对发病的影响远超过前者。**

“假如你的母亲在你很小的时候就去世了，”布朗解释道，“那你对以后发生的挫折都是以最绝望的态度去看待的。”对女孩来说，母亲的死亡的确是永久的和普遍的失落。女孩的成长非常需要母亲，在青春期以前尤其如此；进入青春期后，她们的同龄人会在一定程度上替代父母的地位。如果早期的重大损失会塑造我们对以后损失的看法，那布朗的发现应该是正确的。这些不幸的孩子就如同大萧条时低阶层的女孩一样，学会了离别是永久的、普遍的。对以后生活中发生的离别，她们的解释会是：他死了，他永远都回不来了，我没办法再生活下去了。

### 塞利格曼的乐观课堂

Authentic Happiness

1. 孩子 8 岁时，乐观或悲观的解释风格就基本定型了。
2. 孩子的解释风格会受到三种因素的影响。
   - 孩子每天从父母身上学到对各种事件的因果分析，尤其是母亲的。如果你是乐观的，孩子也会是乐观的。
   - 孩子听到的批评方式也会影响他的解释风格，如果这些批评是永久的、普遍的、内在的，那么他对自己的看法就会转向悲观。
   - 孩子早期生活经验中的生离死别和巨大变故。如果这些事件好转了，他会比较乐观；如果这些变故是永久的和普遍的，那么绝望的种子将深埋在孩子的心中。

第 8 章

# 乐观的孩子成绩好

如果没有乐观，
所谓的潜能就是毫无意义的。

**身边的悲喜故事**

有个读小学的男生叫艾伦。在9岁的时候，他属于典型的后进生。他很害羞，手眼的配合也不好，在选球队队员时，没人会考虑他。

但他非常聪明，很有艺术天分，他的画是美术老师教过的孩子中画得最好的。10岁时，艾伦的父母离婚了，他陷入了抑郁。他的成绩一落千丈，不再开口说话，也不再画画了。

美术老师不愿意放弃他，想尽办法让艾伦说话。他发现艾伦认为自己很笨，是个失败者，没有男子气概，而且认为父母离婚都是自己的错。

艾伦的老师认识他的父母，了解他们离婚的原因。老师很耐心地让艾伦知道他的这些结论都是错的，引导他对自己做出正确的评价。后来艾伦认识到自己并不愚笨，他其实在很多方面是很成功的。

通过读书，他知道了男孩子在手眼配合上比女孩子成熟得晚，而且因为运动能力不太好，所以他能有现在的这种表现已经很不错了。通过老师的解释，艾伦明白了父母离婚不是他的问题。

事实上，这位老师帮助艾伦改变了他的解释风格。几个月后，艾伦不仅在学业上进步了很多，获了奖，在运动方面也进步了，他的热忱弥补了技能上的不足。

他不再是后进生，逐渐成长为一个优秀、乐观的少年。

1970 年 4 月一个又冷、风又大的日子，我去大西洋城参加东部心理协会的年会，那时我刚到宾夕法尼亚大学教书不久。我在一间以前很豪华但现在已没落了的旅馆大堂排队等着办理入住。当排在我前面的女士转过头来时，我吃惊地发现她竟是我小时候的朋友。

“琼·斯特恩（Joan Stern），”我惊叫着，“是你吗？”

“马丁！你来这里做什么？”

“我是一个心理学教授！”我说。

“我也是。”

我们俩同时大笑起来。琼也是一位教授，我问她研究什么。“孩子，”她说，“他们看到什么，想些什么，这些又怎样随着他们的成长而改变。”她告诉我她的研究，我告诉她我的发现。

在开会期间，我们花了很多时间在一起，尽量想办法把过去和现在联系起来。当会开完要离开时，我们发现或许有一天我们的研究兴趣可以结合在一起。琼后来成了普林斯顿大学的院长，我则继续做我的解释风格研究。又过了 10 年，我们的研究兴趣才结合在一起。我们研究的中心主题是教室里的乐观。

## 好成绩，坏成绩

孩子的解释风格如何影响他在学校里的表现以及学习成绩？

让我们先回溯一下基本的理论。失败时，我们都会有一阵子觉得无助或抑郁。我们不会像以前那样主动去做一些事，即使勉强做了，可能也不会持久。如你前面所读到的，解释风格是习得性无助的核心。乐观的人能够很快从这个短暂的无助状态中恢复过来。对他们来说，失败仅是个挑战，是走向胜利的道路上的一些障碍。他们把挫折看成暂时的、特定的。

悲观的人沉溺在失败中，因为他们把失败看成永久的、普遍的。他们变得很抑郁，而且停留在无助中。一点小挫折在他们看来就是大失败，而一失败，他们就认为会满盘皆输，自己先举白旗投降了。他们可能要几个星期甚至几个月后才能恢复，而且再有一点挫折，他们又会掉进无助的深渊。

这个理论很明白地预测说，在教室中或运动场上，聪明的不一定就是成功的。成功属于足够聪明又乐观的人。

这个预测正确吗？当你的孩子在学校表现不好时，老师或家长很容易做出错误的判断，认为这个孩子不够聪明，甚至是愚笨的。你的孩子可能会变得抑郁，而这种状态会让他不去尽力，不去坚持，使他不敢冒险达到他潜能的上限。更糟的是，如果你认为愚笨或不够聪明是他成绩不好的原因，那你的孩子会把你的想法纳入他对自己的看法中，他的解释会越来越糟，而他的表现不好慢慢就变成了习惯。

## 测一测你孩子的抑郁程度

怎么知道孩子是否抑郁？除非带他去看心理医生，否则没办法知道。但如果你只是想大略了解一下，那只要给孩子做下面的测验就可以了。这个测验是在第 4 章测验的基础上修订的，叫作 CES–DC（Center for Epidemiological Studies-Depression Child）。修订者是美国国家心理健康研究所流行病学研究中心的韦斯曼（M. Weissman）、奥瓦雪（H. Orvaschell）和帕迪恩（N.Padian）。

下面是简单的指导语，请读给孩子听。

我最近在看一本有关儿童感觉的书，我很想知道你最近心里在想什么，有时候小孩很难找到合适的话来描述自己的感觉，所以我想给你看一些表达感觉的方法。下面每个句子都有 4 个选择，你要仔细听这些句子，然后从 4 个答案中选出最能代表你上个星期心情的选项。这些选择没有对错之分。

**流行病学研究中心儿童抑郁量表**

在过去的一个星期里：

1. 以前不会担心的事现在开始令我忧心。

一点都没有______偶尔或很少______有时______很多时候______

2. 我不想吃东西，不觉得饿。

一点都没有______偶尔或很少______有时______很多时候______

3. 即使在家人和朋友的帮助下，我也没有办法使自己快乐起来。

一点都没有______偶尔或很少______有时______很多时候______

4. 我觉得我比不上其他同学。

一点都没有______偶尔或很少______有时______很多时候______

5. 我觉得我不能专心去做我正在做的事情。

一点都没有______偶尔或很少______有时______很多时候______

6. 我觉得情绪低落。

一点都没有______偶尔或很少______有时______很多时候______

7. 我觉得我太累了，什么事都不想做。

一点都没有______偶尔或很少______有时______很多时候______

8. 我觉得有一件不好的事快要发生了。

一点都没有______偶尔或很少______有时______很多时候______

9. 我觉得以前做的事情都没有成功。

一点都没有______偶尔或很少______有时______很多时候______

10. 我感到很害怕。

一点都没有______偶尔或很少______有时______很多时候______

11. 我最近晚上睡得不像以前那样安稳。

一点都没有______偶尔或很少______有时______很多时候______

12. 我不快乐。

一点都没有______偶尔或很少______有时______很多时候______

13. 我比以前沉默。

一点都没有______偶尔或很少______有时______很多时候______

14. 我觉得寂寞，好像我没有朋友。

一点都没有______偶尔或很少______有时______很多时候______

15. 我觉得朋友对我不再友善，他们不想跟我一起玩。

一点都没有______偶尔或很少______有时______很多时候______

16. 我玩得不开心。

一点都没有______偶尔或很少______有时______很多时候______

17. 我很想哭。

一点都没有______偶尔或很少______有时______很多时候______

18. 我觉得哀伤。

一点都没有______偶尔或很少______有时______很多时候______

19. 我觉得别人不喜欢我。

一点都没有______偶尔或很少______有时______很多时候______

20. 开始去做一件事对我来说很困难。

一点都没有______偶尔或很少______有时______很多时候______

计分很简单，“一点都没有”是 0 分，“偶尔或很少”是 1 分，“有时”是 2 分，“很多时候”是 3 分。把全部的分数加起来，如果你的孩子选了两项，就取分数高的那一项。

下面是分数的意义：如果孩子的分数为 0 ～ 9 分，那他不抑郁；如果他的分数为 10 ～ 15 分，那他有轻微的抑郁；如果他的分数在 15 分以上，那他有相当程度的抑郁；16 ～ 24 分代表中度抑郁；而 24 分以上就代表严重抑郁了。不过，这种测验的结果不能等同于心理医生的诊断，因为纸笔测验最容易犯两个错误，你应该小心。第一是很多小孩会隐藏自己真实的感受，尤其不愿在父母面前透露。第二，有些分数高的孩子的问题可能不是来自抑郁。

如果你孩子的分数在 10 分以上，而他的学习成绩很不好，那么他成绩不好很可能是因为心情不好，而不是因为成绩不好引起心情不佳。我们研究四年级的小学生时发现，抑郁分数越高的儿童，在做字谜题和智力测验上的表现就越差，学习成绩也越差。

所以，假如你的孩子连续两个星期分数都在 15 分以上，那你应该带他去看医生。假如你孩子的分数在 9 分以上，而且他说想自杀，那你也应该带他去看医生，“认知—行为”派的治疗师应该对他很有帮助。

## 为什么孩子会成绩差

儿童悲观的解释风格会不会像成人一样，成为抑郁和低成就的主要原因？1981 年，这个问题出现在我的研究中时，我想到了琼。过去 10 年来我们一直保持着联络，我知道她的研究重点是儿童知觉的成长，我也知道她非常关心学生的低成就感，我觉得她会是一位理想的研究伙伴。

当我们见面时，我对她说：“我不认为学生学习成绩差是因为不够聪明，我们最新的实验数据显示，当学生心情沮丧时，他的学业表现会因此受损。”

我告诉琼有关德韦克的最新发现，即悲观的解释风格是学习成绩不好的重要原因。“德韦克根据解释风格将四年级小学生分成无助组和掌控组，然后给这两组小学生一连串的挫折，如无解的难题，再让他们体会到成功，如给他们简单的题目。

“在受挫折之前，两组小学生没有任何差别，但一旦遭受了挫折，两组之间惊人的差异也就显现出来了。无助组学生的问题解决能力退步到了一年级的程度，他们开始讨厌这项作业，不愿意做，大谈自己的棒球技术很好或者话剧演得很好。但是，掌控组的学生遇到挫折时仍保持着四年级的能力水平，他们认为一定是自己在某处犯了错，所以才做不出来，但他们还是会做下去。有一个掌控组的女孩还卷起袖子说‘我喜欢挑战’，他们都对自己很有信心。

“此外，在实验结束前，两组学生都做了比较容易的题目，无助组的学生对他们的这次成功打了折扣。他们估计将来只能解出 50% 的同类题，对自己仍然没有信心，掌控组的孩子却估计自己可以解出 90% 的题目。”

“对我来说，”我下结论道，“很多孩子学习成绩不好，心情沮丧，其根本的问题就是悲观。当孩子认为自己无能为力时，他们就不再尝试，成绩就会退步。我希望你能和我一起来研究这个问题。”

琼没有马上答应我的邀请，她问了更多的问题，思考了一下，然后说：“我同意你的说法，学习成绩好跟乐观、不被挫折击败有密切的关系。我也在思考如何改变我的研究方向，探究儿童抑郁、学习成绩以及解释风格似乎很合乎我的理想。”

那时诺伦霍克西玛正好进入宾夕法尼亚大学念研究生，她就成了这个项目的实际负责人。她当时只有 21 岁，从耶鲁大学毕业，举止娴静，但非常有才华，有干劲儿。我把我与琼的谈话转述给诺伦霍克西玛，她听后立即说“这就是我一生要做的事”。

接下去的两年就是恳求普林斯顿附近学区的督学、小学校长、老师、家长、学生让我们做这个大型研究项目，预测谁会变得抑郁，谁会成绩不好。我们希望找出抑郁症的根源，因为抑郁症已经影响了许多孩子的生活，影响了他们的学业。1985 年的秋天，这个长期追踪研究终于开始了。我们对 400 名三年级小学生、老师和家长进行访谈，这项研究预计持续 5 年，一直追踪这些孩子到初中。

我们假设儿童的抑郁症和低成就感主要有两个原因：悲观的解释风格和不幸的遭遇。

我写这本书时，手头已经有了前 4 年的资料。不出我们所料，最可能引起后来患抑郁症的因素是早年的悲观。曾经得过一次抑郁症的儿童最可能复发。在三年级时没有得抑郁症的儿童，到四年级、五年级时通常也不会得。我们不需要花 50 万美元来发现这个结果，但最主要的是，我们确定了解释风格和不幸遭遇是诱发抑郁症的重要因素。

## 解释风格

悲观的解释风格对儿童非常不利。如果你的孩子在三年级时，儿童归因风格问卷的分数就显示他是悲观的，那他以后得抑郁症的概率就很大。我们将儿童分为抑郁随着时间变轻和变重的两组，解释风格又将这两组儿童分为下列 4 种倾向：

- 如果三年级时有悲观的解释风格，那么即使当时不抑郁，孩子也会随着时间的流逝而变得抑郁；

- 如果三年级时有悲观的解释风格，同时又抑郁，那么孩子会一直抑郁下去；
- 如果三年级时有乐观的解释风格，但抑郁，那么孩子的抑郁会逐渐减轻；
- 如果三年级时是乐观的，也不抑郁，那么孩子一直都不会抑郁。

哪个先发生？是悲观还是抑郁？很可能是悲观使孩子变得抑郁，但也可能是抑郁使孩子感到很悲观。两者都不对，在三年级时抑郁会使孩子在四年级时更悲观，而在三年级时悲观会使孩子在四年级时更抑郁——这两个因素形成了恶性循环。

辛蒂就被卷入这种恶性循环中。上三年级的那个冬天，辛蒂的父母分居了，她父亲搬了出去。在这件事之前，她的解释风格就比平均水平更悲观一点，她现在变得无精打采，成天以泪洗面。她的成绩一落千丈，她开始像患抑郁症的孩子一样退缩，不再和朋友来往。然后她开始认为自己是没人爱的、很笨，这种想法使她的解释风格变得更悲观。

做父母很重要的一点是，要能意识到孩子正陷入这种恶性循环，并教孩子打破这种循环。第 13 章会教你如何破解它。

## 不幸的遭遇

降临到孩子身上的不幸越多，他就越抑郁。乐观的孩子比悲观的孩子更能抵抗不幸的遭遇，人缘好的孩子的抵抗能力比人际关系不好的孩子强，不过这并不能保证这些孩子不会受到这些不幸遭遇的影响而变得抑郁。

下面是一些我们要事先提防的不幸事件，如果这些事件发生了，那你要尽可能给孩子一些帮助与支持。当然，你也可以练习第 13 章教你的方法。

- 哥哥或姐姐出远门去读大学或就业；
- 宠物死亡（你可能认为这是小事一桩，但它对孩子的打击很大）；
- 跟孩子很亲密的祖父母去世；
- 父母吵架；
- 父母离婚或分居。这个杀伤力最大。

## 给孩子一个和谐的家

由于离婚和父母失和是最容易引起儿童抑郁的事件，而且又是最常见的事件，所以普林斯顿大学—宾夕法尼亚大学的长期研究项目就侧重研究有这种经历的孩子。

当我们开始这项研究时，大约有 60 个孩子（约 15%）告诉我们，他们的父母离婚或分居了。我们在过去的 3 年里仔细观察了这些孩子，将他们与其他孩子对比。我们的发现展示了这一社会现象背后的含义，也能让你知道万一你离婚了该如何去安抚自己的孩子。

**第一，最重要的是，你的孩子会很受伤。**我们一年测验孩子两次，发现这些孩子远比幸福家庭里的孩子抑郁。我们原先预期这个差距会随着时间流逝而缩短，结果却显示并非如此。3 年后，这些离婚家庭的孩子还是比其他孩子抑郁得多。这些离婚家庭的孩子比较哀伤，在课堂上比较不守纪律，他们比较没有热情，自我评价很低，身体常会闹些小毛病，他们也比较忧虑。

很重要的一点是，不是所有离婚家庭的孩子都会变得抑郁，而且有些抑郁的孩子很快就恢复了。因此，总的说来，父母离婚并不会使孩子一辈子都抑郁，父母离婚只是会使孩子更容易变得抑郁。

**第二，许多不幸的遭遇不断发生在离婚家庭的孩子身上。**这些不断发生的不幸可能是离婚家庭的孩子患上抑郁症的原因。这些事件可以分成三类，第一类是父母离婚引起的，或者说因为父母离婚带来的抑郁引起的。下面这些事件多半发生在离婚家庭的孩子身上：

- 他们的母亲开始去外面上班；
- 他们的同学变得不友善；
- 父母亲再婚；
- 父母亲加入新的教会；
- 父母亲住院；
- 考试不及格。

离婚家庭的孩子也可能会经历更多的引发父母离婚的事件，即第二类事件：

- 父母时常吵架；
- 父母时常出差；
- 父亲或母亲失业。

到这里为止，还没什么了不起的发现，但令我们很惊讶的是离婚家庭的孩子所遭遇的最后一类不幸事件。我们还不知道原因，但我想你应该知道下面这些事实：

- 离婚家庭孩子的兄弟姐妹住院的比例是一般家庭孩子的 3.5 倍；
- 离婚家庭孩子住院的概率是一般家庭孩子的 3.5 倍；
- 这些孩子的朋友的死亡率是别的孩子朋友的 2 倍；
- 这些孩子祖父母的死亡率是别的孩子祖父母的 2 倍。

上面这些有的是离婚的原因，有的是离婚的后果。离婚家庭似乎比一般家庭有更多的不幸事件，很多时候，这些事件跟离婚没有直接关系，但恰巧就发生在他们家。我们实在不能想象孩子好朋友的死亡或祖父母的死亡会是离婚的后果，或者这些事件导致了孩子父母离婚，但统计数字摆在那里，这是不可否认的。

曾经有人说，一对不快乐的父母离婚比让孩子跟相互仇恨的父母住在一起好，但实际上，两者都很糟糕。离婚家庭孩子的世界是阴暗凄凉的。他们有着无法摆脱的抑郁，学习半途而废的概率比别人高很多，而且很多看起来毫不相干的不幸事件都会落到他们头上。假如你正想离婚，我必须告诉你这些事实。

与相互仇恨的父母住在一起也会影响孩子，而问题的根源可能在于父母的吵架。在我们这项研究中，有 75 名父母并没有离婚，但吵架吵得很厉害。这些家庭的孩子看起来跟离婚家庭的孩子一样糟，他们也很抑郁，而且他们的抑郁会持续到父母停止吵架后很久，同时承受着比别的孩子更多的不幸事件。

父母吵架可能通过两种方式对孩子造成长久性的伤害。第一种是父母长期相互不满、吵架，然后分居。这些吵架和分居直接影响着孩子，引起孩子长期的抑郁。第二种可能性是吵架的父母是一对非常不快乐的夫妻，吵架和分居虽然没有直接影响到孩子，但孩子可以感受到父母非常不快乐，而这种感受严重影响了孩子，并引起他长期的抑郁。我们的资料无法显示哪一种理论是对的。

这对你有什么意义呢？

很多人的婚姻并不美满，他们在结婚几年后就不再相爱，但是考虑到孩子的幸福而勉强维持着婚姻。如果父母吵架和分居是孩子抑郁的原因，而你把孩子的利益放在第一位，我会给你非常不同的建议：你是否愿意放弃分居？或者你是否愿意迎接更艰难的挑战——克制自己，不去吵架？

我还不至于天真到劝你永远不要吵架。吵架有时也是有用的，我要强调的是如何通过吵架来解决问题。如果看到大人吵架后达成了协议，有了清楚的结果，孩子便不会那么震惊和不安。这表示当你吵架时，你应该尽力解决引起吵架的问题，让孩子看到这件事有了清楚的结果。

此外，在吵架之前，你要明白吵架可能会伤害到孩子，我认为这很重要。你可能觉得吵架是你的权利，认为把想说的话说出来才是健康之道。不知道持这种看法的人对“打不还手”如何解释。当然，未发泄的愤怒会引起血压的暂时升高，长此以往，会引起心理、生理上的问题。但大发脾气常会导致夫妻关系恶化，到最后，夫妻天天反目，闹得鸡犬不宁。

吵架不仅会影响你和你的配偶，而且对孩子也有百害而无一利，所以如果你把孩子放在第一位，那么在吵架之前一定要三思。

我们的研究显示，父母吵架或分居会显著增加孩子抑郁的可能性，进而导致孩子在学校里的问题增加，孩子的解释风格也会变得更悲观。学校里的问题加上新出现的悲观心理使他陷入抑郁状态，恶性循环就此开始。

父母吵架次数增加或决定分居的时候，正是孩子需要特别关心与帮助的时候。此时，他们特别需要父母和老师的关心，这些关爱可以抵消父母吵架带来的伤害。你也可以考虑找专家来做辅导，婚姻辅导可以让夫妻彼此的伤害减少一点。对孩子的心理辅导可以避免他们终生抑郁。

## 男孩和女孩谁更容易抑郁

我们一直对性别差异很感兴趣，一直以为某个性别的人会更抑郁、更悲观。但当看到资料后，我们发现事实正好相反。

本书第 4 章和第 5 章曾提到女性得抑郁症的概率比男性高很多。我们以为这一定始于儿童期，所以我们预期女孩比男孩更容易抑郁，解释风格更倾向于悲观。

但结果并不是这样，在我们研究的每一个点上，男孩都比女孩更容易抑郁。一般来说，男孩比女孩有更多的抑郁症症状。在三年级和四年级的小学生中，35% 的男孩得过一次抑郁症，而女孩只有 21%。这个差别主要体现在两个症状上：男孩有比较多的行为障碍、比较多的快感缺失（anhedonia）。在哀伤、低自尊和身体症状方面，男孩和女孩是一样的。

在解释风格方面，我们很惊讶地发现，女孩比男孩更乐观。女孩对好事件比男孩乐观，对坏事件则比男孩少一点悲观。所以我们的长期研究得到了一个意外的结果：男孩比女孩更悲观，并且更容易抑郁。这表示不管是什么原因使女性患抑郁症的比例是男性的两倍，它的根源肯定不在儿童期。

在青春期前后，一定有什么特殊的事情发生，使女性变得更容易抑郁。我们现在只能猜测原因，当这些被试进入青春期，也就是这项研究做完时，我们也许可以知道在青春期发生了什么事，使抑郁症从男性转到了女性身上。

## 什么样的人会成为合格的大学生

1983 年春季的某一天，我听宾夕法尼亚大学招生办主任威利斯 · 斯特森（Willis Stetson）谈起他们所遇到的困难，事实上，是他们所犯的错误。斯特森抱怨说："这毕竟只是统计学上的一个猜测，我们必须接受一定数量的错误。"

我问他宾夕法尼亚大学如何筛选新生。他说："我们考虑三个学术因素，高中的成绩、SAT 成绩和成就测验分数，我们有一个回归公式，我们把这三个分数套入这个公式得出一个分数，例如 3.1 分，这就是我们预期他大一的平均分。我们把这叫作预测指数（predictive index），如果这个分数比较高，你就可以进入宾夕法尼亚大学就读。”

我知道这个回归公式多么容易犯错。它求出过去因素的加权比例，然后去预测你大学的表现。就好像通过父母的体重去预测婴儿的体重，你可以找出某个医院某段时间出生的 1 000 名婴儿的体重，再查出他们父母的体重，你可能会发现用妈妈的体重除以 21.7，爸爸的体重除以 43.4，再把这两个数平均起来，就可以得到婴儿出生时的重量。这个 21.7 和 43.4 之间并无任何关系，也不符合任何自然界的定律，它们只是统计学上的“意外”。

这就是招生办的人在做的事。他们把若干大一新生的 SAT 分数和高中成绩拿来和大一时的平均成绩求相关。他们看到大多数情况下，SAT 分数越高，大学入学后的总平均成绩也越高；高中的成绩越好，大学的成绩也越好。

基于这个公式，大学生成绩的预测值只是统计学上的一个猜测，它在大部分情况下是正确的，但也有错误的时候。而这些错误招致了很多父母的失望与抱怨、教授的负担以及大学生的不适应。

“这个方法存在两种误差，”斯特森说，“第一是少数学生大一时的表现比预估的差，第二是大多数学生表现得比预估的好。即便如此，我还是想减少误差。告诉我你的测验是做什么的。”

我解释了归因风格测验和它背后的理论。我跟他谈归因风格测验怎么有用，我告诉他我们跟大都会保险公司的合作，以及如果宾夕法尼亚大学采用这种方法会取得什么样的效果。“原来的方式漏掉了一些好学生，”我说，“收了一些后来念不下去的学生，这对学生来说是个悲剧，对学校则是一种损失。”

最后，招生办主任说：“让我们试一次吧！从 1987 年入学的那一届学生开始。”

所以，当 1987 年新生入学时，300 多人做了归因风格测验，然后我们就期待着看他们的期末考试成绩。我们想看什么人沉了下去，而什么人会浮出水面。

在第一学期结束时，1/3 的学生比他们 SAT 成绩、高中成绩和成就测验所预测的更好或更坏；而通过归因风格测验的 300 名新生中，20% 的人比预测的差，而 80% 的人比预测的好。

我们看到了想要看的，就跟在小学四年级学生身上看到的一模一样：入学时测验分数显示为乐观的学生超越了预估的成就，进来时显示为悲观的学生则表现得比应有的水平差。

## 西点军校野兽营，只有聪明是不够的

期中考试不及格或没选上啦啦队队长这样的挫折对整个人生来说太微不足道了。不过有一所学校，它所制造的挫折跟人生实际的挫折不相上下，那就是西点军校的野兽营。

当 18 岁的新生 7 月初到西点军校报到时，接待他们的是高年级的学长。他们的任务是让新生在暑假期间学会什么叫铁的纪律——在太阳下立正很久，凌晨进行 10 多千米的急行军，擦亮铜扣，记住一行又一行无意义的规章，以及服从，服从，再服从。他们的目的是塑造美国未来军官所必备的个性。西点军校认为这样做很好，在过去的 150 年里都是这样做的。

这些大一新生都是从全美高中筛选出来的精英，他们必须有领袖的才能和学术上的潜能才能进入西点军校。西点军校是美国最杰出的大学之一，对新生 SAT 分数的要求很高，他们的体育能力也是顶尖的，他们高中时的成绩，特别是理科的成绩必须出类拔萃。最重要的是，他们必须是社区中最优秀的童子军。西点军校的培养费大约是每人 25 万美元，如果有人半途而废了，纳税人就要损失 25 万美元，但还是有很多学生中途辍学。

1987 年 2 月的一天，西点军校的人事部主任理查德 · 巴特勒（Richard Butler）打电话来，他的声音短促有力，习惯于发号施令："塞利格曼博士，我想山姆叔叔需要你帮忙，我想请教你关于学生退学的问题，看你有没有解决的方法。我们每年招收 1 200 名学生，他们 7 月 1 日到野兽营报到，报到后的第一天就有 6 个人退学，等到 8 月底，我们就失去了 100 名学生，而学校那时还没开学呢！你能不能帮我们预测一下哪些人会退学。"

我很高兴地同意了，听起来这里像是测试我的乐观理论最适合的地方。从理论上说，悲观者应该是打退堂鼓的人。7 月 2 日，我开车北上，去给新生做测验。高年级学生把全部新生带进艾森豪威尔礼堂，1 200 名全美的精英立正站着，等我允许才坐下来接受测试。这种壮观的情景很令我感动。

巴特勒的统计是对的。第一天果然有 6 名新生退学，有一名在做测验时站起来吐了一地，然后跑出大礼堂，8 月底时果然有 100 多名学生退学。

我们用两年时间追踪了 1991 年入学的那一届学生。什么人会打退堂鼓？依旧是悲观的人。那些把不好的事解释为"都是我的错，永远都会这么糟，我所有的努力都白费了"的新生是最有可能退学的人。

我现在还不敢叫一个有着悠久传统的学校（像西点军校）去改变入学和训练政策，但我认为选择乐观的人更有可能为国家培养出杰出的军事领袖。另一个激起我强烈兴趣的是，我可能可以用本书后面提到的技巧去把悲观者变成乐观者。这样我不仅可以挽救一些本来想退学的人，还可以给他们一个机会，让他们成为能够充分发挥自己潜能的好军官。

100 年来，能力和才能一直被认为是学业成功的关键。我觉得传统太看重才能了，这些所谓的才能并没有一个准确的测量方法，也不是预测未来成功与否的好指标，这种传统观点根本就是错的。传统观点完全忽略了一个重要的因素，即解释风格。可以说，成也解释风格，败也解释风格。

哪一个在先？乐观还是成绩优秀？常识告诉我们，有才能的人因为有才能所以才乐观。但我们的研究清楚地反映出相反的因果关系。在我们的研究中，我们让 SAT 分数、智商、人寿保险业务员资格测验等所谓的“才能”保持不变，然后看这些高才能组中乐观者与悲观者的差别。我们一再发现乐观者有超出其潜能的表现，悲观者的表现则在其潜能之下。

若没有乐观的界定，我认为所谓的潜能就是没有什么意义的。

## 塞利格曼的乐观课堂

Authentic Happiness

1. 悲观的解释风格和不幸的遭遇是诱发儿童抑郁症的重要因素。
2. 父母离异或经常争吵是最容易引发儿童抑郁症的事件，而许多不幸的遭遇会连续发生在离婚家庭孩子的身上。
3. 失去乐观，传统意义的聪明才智对成功没有什么意义。

# 第 9 章 乐观造就赛场冠军

一个团队或个人输赢的情况，
可以通过其解释风格来预测。

## 身边的悲喜故事

一些报刊拿游泳明星比昂迪（Matt Biondi）在1988年汉城奥运会上可以拿多少块金牌大做文章。比昂迪参加了7项比赛，美国报纸的报道让人们觉得比昂迪会包揽这7块金牌。

比昂迪的第一项比赛是200米自由泳，他得了第三名，真令人失望。第二项比赛是100米蝶泳，这并不是他拿手的项目，他一开始时领先，但在最后两米时，他非但没有努力冲向终点，反而松了劲儿。你可以听到首尔观众的叹息，也可以想象电视机前美国观众的反应。

当比昂迪以一臂之差输给苏里南（Surinam）的内斯蒂（Anthony Nesty）后，采访他的记者毫不留情地抨击他，对他只拿到铜牌和银牌大为不满，并对他能否在下面的5项比赛中拿到金牌表示怀疑。

我却对比昂迪很有信心，因为4个月前我对比昂迪进行过测验。测验的目的就是看他在压力下的表现。他跟他的队友一起做了归因风格测验，而他的分数属于乐观的前25%，即他是个非常乐观的人。我们同时也模拟了游泳池中的挫折情境，比昂迪在100米蝶泳游了50.2秒，但他的教练告诉他是51.7秒，比昂迪露出非常吃惊和失望的表情，因为他很少游得这么慢。教练叫他休息几分钟后再游一次。比昂迪又游了一次，这次他游得更快了——50.0秒。他的解释风格是非常乐观的，所以他在失败后游得更快而不是更慢，所以我对他拿金牌很有信心。

果真，他在后来的 5 项比赛中拿了 5 块金牌。

我没办法忍受晚间 11 点的新闻，不仅因为播报新闻的人很呆板，更主要的是因为他们播报的内容就像是影片片段。昨夜费城的大火是头条新闻——用 30 秒的时间在播放大火从窗口冒出；用 1 分钟的时间播放对生还者的采访，这些人多半在痛惜他们被烧掉的家当；又用 1 分钟的时间播放对救火队员妻子的采访，由于救火队员被烟呛晕，所以他妻子涕泪纵横地出现在荧幕上。

不要误会我的意思，这是个悲剧，应该被报道，但是夜间新闻的制作人似乎认为美国的观众只会欣赏满是眼泪鼻涕的故事，不可能了解统计和分析。这场大火真正值得报道的部分都没有被报道，事件背后的原因及统计数字从来没有被提及。

我们真的不能理解统计数字的意义吗？我们真的只能理解那些动人的小故事吗？

只要在棒球场上待上一个下午，你就会知道美国人有多么喜欢统计，他们的水准又有多高。每个看棒球的人都知道投手责任得分率（earned run average）是什么，而这个计算可能比保险公司计算火险的统计数字还复杂。统计是体育博彩的灵魂，球类运动的赌额已可以与美国工业总产值一比高低了。

我们决定用这种统计来验证解释风格理论。我的学生和我花了几千个小时阅读报纸的体育版，用球类统计来验证我们的理论。我的乐观理论对球场上的表现会做出怎样的预测呢？

体育运动的预测有三种基本方式：**第一，如果其他因素不变，有乐观解**

**释风格的运动员更可能赢。**这是因为他们会努力去尝试，特别是在失败之后或对手很强劲时，他们会更加努力。**第二，团队也是一样，整个团队越乐观，就越可能赢。第三，更令人兴奋的是，如果运动员的解释风格从悲观转为乐观，他们也更可能赢，尤其是在有压力的情况下。**

## 职业棒球赛

先来看看美国人最喜欢的运动——打棒球。我本人是个棒球迷，而且对这项运动的研究会把我们带到人类成功和失败的核心，它告诉我们“失败的痛苦”和“胜利的喜悦”为什么有用。

写下对理论的假设远比验证这些假设来得容易。在此，我们有三个问题。

**第一，一群个体所组成的团队是否有自己的解释风格？**我们过去的研究都指出悲观者的表现会比较差，但是有悲观团队这种事吗？悲观团队会表现得比较差吗？要回答这些问题，我们用了 CAVE 的方法，研究整个赛季每一天报纸体育版登载的每一个球员所说的有关因果关系的话。我们请完全不知情的人来评分，然后为每一个球员测出他的解释风格。我们也研究球队的教练。最后，我们把所有人的得分平均起来，得出球队的解释风格，然后再比较整个联盟中的所有球队。

**第二，报纸体育版刊登的话是否可信？**我们没有办法去和大联盟的所有球员面谈，所以只好依赖报纸和电视上的体育新闻。但球员对记者说的话又经记者的笔报道出来，这些话很可能不真实、不准确。因此，我们不知道报纸上登载的话是否能正确地反映出球员的解释风格。唯一的方法就是看看这个理论是否正确地预测出了球队的表现，如果是，那么报纸上的话就有效度；如果不是，那么，理论或报上登载的话就有问题。

这不是唯一的问题，另一个问题是材料太丰富。在对美国职棒大联盟的研究中，我们收集了 12 支球队 1985 年赛季 4 月至 10 月所在地的所有报纸。那真是堆积如山的资料！

**第三，如何证明这个因果关系是因乐观而胜利，而不是因胜利才乐观的？**纽约大都会队（Mets）在 1985 年是个非常乐观的球队，也是打得很好的队，直到东区冠军赛时才输给了圣路易红雀队（Cardinals）。大都会队打得好是因为他们很乐观，还是因为他们打得很好所以乐观程度上升了呢？要解开这个难题，我们必须要能从这个赛季的乐观预测到下个赛季的胜利，当然在这个过程中，我们必须把个人改变的因素考虑进去，离队球员的资料会被剔除。

但即使如此也不够，我们还必须考虑这支球队在第一赛季中的成绩。以大都会队为例，1985 年，它是国家联盟中最乐观的一支球队，同时保持着第二强的纪录（赢 98 场，输 64 场）。我们预测它 1986 年会打得更好，因为它很乐观，也因为它的球员都很有才干。我们必须把它先前的输赢纪录也考虑进去，即让这个变量保持不变，然后看乐观的态度能否使球队超越以前的纪录。

我们也想知道乐观的魔力是否在于它能够引领球员渡过压力的难关。我的儿子戴维记下了国家联盟 972 场球赛的分数，然后我们找出每一场压力的统计。我们发现伊莱亚斯体育中心（Elias Sports Bureau）[①] 已经将棒球每一局的压力算得很好了，所以我们放弃了自己的统计，转而采用伊莱亚斯体育中心的统计。

大都会队和红雀队这两个超级强队为 1985 年国家联盟的东区冠军争得你死我活。我们摘录了这一赛季这两队每个球员的因果关系话语，并请不知

① 一家体育研究公司，已成为美国四大体育联赛的数据中心。——编者注

情者做了乐观或悲观特性的评分。当这个赛季结束时，我们算出了总分。

下面是大都会球员在赛季里说的话。我把每一句话的 CAVE 分数附上了，分数为 3 ～ 21 分，其中 3 ～ 8 分是很乐观的，13 分以上则是悲观的。

- 记者问大都会队为什么会输时，总教练强森说："因为今晚的对手打得很好。"（外在的——"对手"；暂时的——"今晚"；特定的——"今晚的对手"，7 分）
- 队员福斯特："球迷让我滚蛋，这真是个烂日子！"（7 分）
- 队员斯特贝利被问到为什么没有接到球时，他答道："这球飞得好快，我就差那么一点点。"（6 分）
- 问斯特贝利为什么大都会队打得这么差时，他说："有的时候你就是会碰上这种什么都不对劲儿的日子。"（8 分）
- 当记者问一垒手贺兰德兹为什么大都会队在客场只赢了两场时，贺兰德兹说："在客场打球压力总是比较大。"（8 分）
- 记者又问他为什么大都会队只领先了半场时，他答道："对方明明很烂，但是打到最后却赢了。"（3 分）
- 明星投手古登解释为什么让对方打了一个本垒打时说："他今晚打得很好。"（7 分）
- 记者问古登为什么输时，他答道："人总有运气不好的日子，今天就是这样的日子。"（8 分）又说："天太热了。"（8 分）
- 古登投了一记暴投，他说："湿气太重，球都湿了。"（3 分）

你可以看到大都会队的分数加起来会怎样。当大都会队球打得不好时，他们认为只是那天打得不好，因为对手太强了，反正不是自己的错，所以大都会队属于典型的乐观解释风格。就整个团体来说，大都会队比其他各队都乐观。他们对坏事件的解释风格的平均分数是 9.39 分。

现在来看圣路易红雀队，此队强得足以打败大都会队，并赢得国家联盟总冠军，但在世界杯冠军赛中却因为裁判不公而输给了堪萨斯城市队（Kansas City）。

- 红雀队球员的球技比大都会队的好，其总教练赫佐格被认为是棒球界最厉害的角色之一。他对红雀队输球的解释是："让我们面对现实吧，我们的球技不行。"（永久性、普遍性及人格化，20 分）
- 赫佐格对记者比较喜欢访问辛辛那提红人队（Cincinnati Reds）总教练罗斯的看法是："他比我多了 3 800 个安打。"（14 分）
- 赫佐格对球员在休假结束后球都打得不好的解释是："我们太放松了，这是心理上的原因。"（14 分）
- 1985 年，球员麦基说他本可以跑更多次垒，但他没有做到。他的解释是："我跑垒跑得不好。"（16 分）
- 麦基 1984 年打得很不好，他说："在心理上我已经出局了，因为我不知道如何去迎接挑战。"（15 分）
- 克拉克漏接了一个高飞球，对此他解释道："这是一个应该可以接到的球，但我没接到。"（12 分）
- 二垒手赫尔的打击率下降了 50%，对此他解释道："我无法集中注意力。"（17 分）

在这里我们看到的是一支球技非常好，但有悲观解释风格的球队。从统计上来说，红雀队对不好事件的解释风格是在平均水平以下的，11.09 分，在 12 支队中排名第九。我们的理论显示这样的队伍能打进准决赛实在是因为他们的球技太高超，弥补了心态上的缺陷。

所以，根据理论预测下一个赛季的情况应该是：大都会队比 1985 年的表现更好，而红雀队会表现得更差。情况果然就是如此。1986 年，大都会队是一支最神奇的队，它所向无敌，最终赢得了东区冠军及国家联盟总冠军。他们的平均安打率是 0.263，在压力下表现出超强的 0.277 的安打率。

红雀队在 1986 年垮掉了。虽然他们的球技很高超，但他们的平均安打率只有 0.236，而在压力下只有 0.231。

我们用这种方法计算了国家联盟 12 支球队的解释风格。从统计上看，在 1986 年的赛季中，乐观的球队的表现比他们在 1985 年时好，而悲观的球队的表现比他们在 1985 年时差。乐观的球队在压力下表现得比较好，而悲观的球队在压力下就垮掉了。

一般来说，我会重复实验一次，只有得到同样的结果，才能保证实验的效度。所以我们又重复了一次这个实验，结果与第一次的相同。

## 职业篮球赛

分析篮球赛比棒球赛多两个好处：第一，篮球队的球员比较少，分析起来更省力。第二，也是比较重要的一点，篮球绝对是凭球技的，每一场比赛不仅可以预测谁会赢，还可以预测赢多少分，这叫作胜分差。

我认为“赢多少分”是一个非常好的研究课题，因为它把两队的所有因素，例如球技、士气等都考虑了进去。而解释风格的理论认为还有一个重要的因素没被考虑进去，即球队的乐观性。乐观的球队应该比预期表现得好，悲观的球队则会表现得差，而这只有在不利的情况下才会如此。例如，输掉上一场球后，乐观的球队打得会比预估的胜分差好，悲观的球队则根本无法超越预估的胜分差。

我做的第二项研究就是收集美国职业篮球联赛大西洋区 1982—1983 年赛季每支球队所在地报纸的体育版，根据他们对有关输球原因的分析测出球员们的解释风格，以此来预估他们 1983—1984 年的表现。然后我们又重复了一次这个实验，用 1983—1984 年的解释风格来预估他们 1984—1985 年的表现。我们读了约 10 000 份报纸的体育版，为每一支球队收集到 100 多篇报道。

让我们来看两个有代表性的例子，一个是波士顿凯尔特人队（Celtics）对不好事件的解释。

- 输球（在客场）："他们的球迷实在是美国职业篮球联赛中最吵闹、最不像话的球迷。"（9 分）
- 又输一场球："在客场打球，总是有奇怪的事发生。"（8 分）
- 比分落后："观众太死气沉沉了。"（6 分）
- 季后赛输球："对方投篮太准，断球太快，防不胜防。"（6 分）
- 输了决赛的第一场球："这是他们打得最好的一场。"（8 分）"对方防守得太好了。"（4 分）
- 对方某一位球员得了 40 分："他今晚打得太好了，不管谁防守，他都会得 40 分。这家伙太神奇了，简直不是人。"（5 分）

凯尔特人队听起来像躁狂症患者，把所有的输球都解释为暂时的、特定的，绝对不是他们的错。凯尔特人队在 1983—1984 年输掉前一场球后，在接下来的比赛中，有 68.4% 的比赛得分超越了预估的胜分差，而 1984—1985 年更是有 81.3% 的比赛得分超越了预估的胜分差，他们简直是个奇怪的不倒翁队。

现在来看 1982—1983 年赛季新泽西篮网队（Nets）对输球的解释。

- 季后赛输球："我们大家投篮都没有中。"（18 分）"我们自己把机会拱手让人。"（16 分）
- 其他的输球："这是我所训练过的球队中体能最差的球队。"（18 分）"我们的智力是有史以来最低的。"（15 分）"我们该投篮而没有投，因为我们没有信心能投进。"（17 分）

篮网队并非体能差的球队，他们在 1983—1984 年赢了 51.8% 的球赛。但他们在心态上的确是沉沦的，他们对输球的解释都是永久性、普遍性的，并认为都是自己的错，他们在 1983—1984 年赛季中输掉一场后，接下来的比赛中只有 37.8% 的比赛得分超越了胜分差；但在赢了上一场后，他们超越胜分差的概率是 48.7%。篮网队的解释风格在 1983—1984 年那一季改善了很多，主要是因为大量更换球员。在 1984—1985 年，他们输掉上一场后，接下来的场次有 62.2% 的概率可以超越胜分差。

以下是我们的发现。一支球队的解释风格很大程度上影响着它在输掉上一场后的表现，乐观的球队会比悲观的球队更多地超越胜分差，乐观的效应会使胜分差超越两队的真实差异。我们也观察到跟国家联盟棒球队一模一样的趋势：一支球队下一季输赢的情况，可以通过他们在上一季中的解释风格来预测。

将棒球和篮球的研究综合在一起，我们得到以下结论：

- 我们不仅可以测量球员的解释风格，还可以测量球队的解释风格；
- 解释风格可以预测这支球队是否能超越他们原有的表现；
- 乐观可以预测球场上的赢；
- 悲观可以预测球场上的输；
- 解释风格在球队面临压力时发挥作用，如在输掉一场球或在最后几局时。

## 伯克利的游泳队

我们在棒球和篮球方面的研究显示，一支球队的解释风格可以预测它在运动场上能否获胜。那么，运动员个人的解释风格是否可以预测他个人的表现，特别是在压力下的表现呢？这个问题比昂迪替我们回答了。

我从来没有见过桑顿，只在电视上见过他，他和他妻子卡伦是加州大学伯克利分校游泳队的教练，也是我重要的合作人。1987 年 3 月桑顿打电话给我说："我读到你所做的保险公司业务员的研究，我在想，你的测验对游泳是否有效，你是否愿意为我们做测验？"

我努力克制自己不高声喊出："我愿意！我愿意！我愿意！"

教练还在解释："我觉得你能测量到一个深藏的积极想法，这是我们教练不太能掌握的东西。我们知道运动员的态度很重要，但他们可以伪装，在关键时刻才会显露出来，而且我们也不知道该如何去改变坏的态度。"

1988 年 10 月，在训练季开始之前，50 名男女游泳校队的成员都参加了归因风格测验。此外，桑顿夫妇还评估了他们的队员，特别是他们认为队员在压力下的表现会如何，并预估他们在这一赛季中的表现。我们这样做是想知道归因风格测验是否能告诉教练一些他们所不知道的东西。

我立刻发现我知道了一些教练所不知道的"秘密"。归因风格测验的乐观分数跟教练评估哪一位选手可以在压力下表现得更好完全不相关。那么，归因风格测验分数真的可以预测游泳比赛的输赢吗？

为了验证这一点，桑顿夫妇在每一次比赛前对每一位选手都做一次评估，看他们会表现得比预期好还是比预期坏。每一位游泳选手也对自己做同样的评估，结果我们发现，教练和选手的评估几乎是一模一样的。我只算了表现比预期差的选手的分数，结果悲观者比乐观者在比赛时失常的人数多两倍，乐观者可以达到他们潜能应有的水准，悲观者却不能。

解释风格是否可以预测人们对失败的反应，就如同它可以预测棒球、篮球运动员和保险业务员的表现一样？

要验证这一点，我们在控制的情境下模拟了失败。在这一赛季结束时，我们让每位选手用最擅长的泳姿游了一次。桑顿夫妇告诉他们，他们所用的时间比他们的纪录慢了 1.5 秒或 0.5 秒（依距离而定）。我们知道这个 0.5 ～ 1.5 秒对运动员来说是很大的打击，他们会很失望。然后每位选手必须再游一次，再计时。如我们所预期的那样，悲观者第二次游得比较慢。有两名游泳健将都是悲观者，在游第二次 100 米时竟然慢了 2 秒，这 2 秒在比赛时足以使他们成为最后一名。与之相反，乐观者要不就是如常，要不就像比昂迪一样游得更快。当然，教练事后跟他们解释了为什么。

伯克利游泳队的实验证实了解释风格也可以预测个人的成败，与团队的研究结果一样。现在我们知道了这个解释风格对个人和团体都有预测功能，乐观的运动员在压力下表现得更好，压力使他们更努力地去尝试，使他们立刻从失败中站起来。

## 教练必须知道的事

假如你是一位教练或者一位很有前途的运动员，你应该注意下面这几件事。

第一，乐观并非你可以凭直觉就知道的事。归因风格测验可以测出一些你自己不知道的东西，它的预测能力超过了有经验的教练的判断。第二，乐观告诉你什么时候去用什么样的队员。如果是一个接力赛，你有一个跑得很快的运动员，但他是一个悲观者，而且刚输掉了个人项目的比赛，在这种情况下就要换掉他。只有在刚刚获胜的情况下，才应起用悲观者。第三，乐观告诉你如何筛选运动员。如果两个运动员体能很相近，就选那个乐观的。因为从长远来看，他会表现得更好。第四，你可以尝试将悲观者训练成乐观者。

桑顿问我是否可以帮他把悲观的游泳选手改造成乐观的，我说我还不能确定是否可以做到这一点。我们正在发展这个项目，不过看起来很有成功的希望。为了感谢他们参与这个实验，我答应我们的训练项目一成型就立刻把头一个机会留给他们。当我在写这一章时，我的训练人员正启程去伯克利教他们如何变得更乐观，你会在本书的最后一部分看到这些技巧。

## 塞利格曼的乐观课堂

Authentic Happiness

1. 乐观可以预测赛场上的赢，悲观可以预测赛场上的输。这对团队和个人都是适用的。解释风格在团队或个人面临压力时发挥作用，如在输掉一场球或在最后几局时。
2. 乐观并非你可以凭直觉就知道的事。归因风格测验可以测出一些连你自己都不知道的东西。

# 第 10 章
# 乐观的身体不生病

一般来说，
我们看待不幸事件的方式，
是一生不变的。

身边的悲喜故事

丹尼 9 岁时，医生在他的腹部发现了伯基特淋巴瘤（Burkitt's lymphoma）。丹尼 10 岁时，虽然他已忍受了一年的放化治疗，但他的癌细胞仍然在扩散。所有人，包括他的医生，都放弃了治愈的希望，然而丹尼自己却没有放弃。

丹尼有个计划，他告诉每一个人，他长大后要成为一名研究如何治疗癌症的研究员，让其他孩子不再得这个病。虽然丹尼的身体已经很虚弱了，但他还是很乐观。

丹尼住在盐湖城，他把他的希望寄托在一位"著名的东海岸专家"身上。这位医生是治疗伯基特淋巴瘤的专家，他对丹尼的病很感兴趣，一直与丹尼的医生保持着联络，做丹尼的顾问。他打算在飞往美国西海岸参加儿科医学会议的途中在盐湖城稍做停留，探望一下丹尼，并与丹尼的医生讨论一下丹尼的病情。

因为这件事，丹尼兴奋了好几个星期，他有许多话想要跟这位专家说。丹尼每天都记日记，因为他希望自己的日记可以为找出治疗方法提供一些线索，他感到自己在参与治疗。

这位专家要来的那天，机场因大雾而关闭了。控制塔指挥专家乘坐的这架飞机到丹佛机场降落，所以这位专家决定直接飞往旧金山。听到这个消息时，丹尼偷偷地哭了，父母和护士劝他休息，并答应他一旦联络到这位专家就让他们在电话里交谈。但是第二天早上，丹尼变得浮躁不安，他从来没有这样过。他开始发高烧，出现了并发症，从晚上开始他就一直处于昏迷状态，第二天下午他就去世了。

你听到这个故事有什么感想？我相信这不是你第一次听到患者在希望破灭后随即死亡，或者有了希望以后病情立刻好转的故事。这种故事很普遍，普遍到大家都知道希望可以维持生命，无助则会摧毁生命。

## 控制权是健康必不可少的条件

1976 年春天，我的桌上放了一份非常奇特的研究生入学申请。申请者是一名盐湖城的护士，名叫马德隆·维桑泰内（Madelon Visintainer），她在申请书中讲了丹尼的故事，她说她曾经照顾过好几个像丹尼这样的小孩和参与过越战的美国士兵，这些事情让她下决心重回学校，她希望来宾夕法尼亚大学跟我做研究，看看是否无助本身就会致命。如果是的话，她希望找出原因，她希望先用动物做实验，然后再应用到人类身上。

维桑泰内的坦率和真诚感动了入学委员会的每一位委员。此外，她的成绩也达到了标准，但是她的申请书有一些漏洞，有些时间和地点交代得不清楚，好像她每隔一段时间就会消失一阵子。

我们试了几次想澄清这些疑点，但都没成功，不过最后我们还是录取了她。1976 年的秋天，我热切地盼望着她入学。但是开学时，她没有来报到。不过，她打电话来说她需要在盐湖城再待一年，因为她要主持一个有关癌症的研究项目，她请求我们保留她的入学资格到第二年的 9 月。由一个护士来主持研究项目听起来是很奇怪的事。

我问她是否真的想来宾夕法尼亚大学研究这个冷门的课题，因为很少有心理学家，甚至没有一个医学界的人相信心理状态会引起生理疾病。她回答说她并非菜鸟，她的阅历很深，知道自己要的是什么，并且早有心理准备。

1977 年的秋天，她来报到了。她就像她的申请书一样朴实无华又有点神秘。她总是回避谈论自己的过去和未来，不过她的“现在”却是一流的，她第一年的研究项目就是用实验证明无助会导致死亡。

她对耶鲁大学两位年轻研究员兰格（Ellen Langer）和罗丁（Judy Rodin）的新发现深感兴奋。这两位研究员在养老院研究老人，看改变老人对自己生活的控制权会不会影响他们的生活。

他们根据楼层将老人分组。一楼的老人对自己的生活有一些额外的控制和选择权。管理员对这些老人说：“我现在告诉你们可以决定些什么。早饭你们可以选择荷包蛋或者炒蛋，不过要在前一天晚上选好。你们可以选择在星期三或星期四晚上看电影，不过也要事先登记。这里有一些盆景，你们可以选自己喜欢的，带回去放在房间里，不过要自己浇水。”

管理员对二楼的老人说：“我要告诉你们，在这里你们有哪些福利。你们的早饭有荷包蛋或炒蛋，每星期一、三、五早上是荷包蛋，二、四、六是炒蛋。星期三和星期四晚上放电影，住左边房间的人星期三看电影，住右边房间的人星期四看。这里有一些盆景，护士会替你们送到房间里并摆放好，护士也会照看这些盆景。”

这样，一楼和二楼的老人得到的福利一模一样，只是一楼的老人有一些控制权，而二楼的老人没有。

18 个月后，兰格和罗丁再次回到养老院。他们发现有部分控制权的老人比较有幸福感、比较活泼，逝世的人也比较少。这个惊人的事实表明，自主权和控制权可以让人延年益寿，无助或许会致命。

维桑泰内想在实验室研究这个现象，因为在实验室她可以精密地控制所有变量，这样才能知道为什么自主和无助会影响健康。她用三组老鼠做被试：第一组给予轻微电击，但它们可以逃走；第二组给予同样的电击，但逃不掉；第三组则没有任何电击。在开始电击的前一天，她先移植了一些癌细胞到老鼠的肚子里，这种癌细胞如果没被身体的免疫系统消灭掉，则会是致命的。维桑泰内移植的癌细胞数量正好，在正常的情况下，有 50% 的老鼠会患上癌症，其余老鼠的免疫系统会杀死这些细胞而不会患上癌症。

这是一个设计得很完美的实验，每一个变量都得到了控制：电击的强度和次数、食物、居住环境及癌细胞的数量，唯一不同的是三组老鼠的心理状态。第一组有控制感，第二组有习得性无助感，而第三组心理状态无改变。如果这三组在抗癌能力上有差别的话，那差别应该源于心理状态的不同。

一个月后，没有接受任何电击的第三组老鼠死了一半，这是我们预期的正常现象，表示移植的癌细胞的程序和数量是正确的；有控制感的一组老鼠中有 70% 成功战胜了癌症；而无助组的老鼠只有 27% 战胜了癌症。

维桑泰内的另一项发现有关老鼠断奶期的经历：小时候有自主控制经验的老鼠，长大后比较能抵抗癌细胞。她给予小老鼠可逃避的电击、不可逃避的电击以及无电击，等小老鼠长大后，再将癌细胞移植到它们身上。大多数小时候有习得性无助经验的老鼠，长大后不能抵抗癌细胞的生长；而大多数小时候可以逃避电击的老鼠，长大后则战胜了癌细胞。所以，儿童期的经验与长大后对癌症的抵抗力有很重要的关系。

维桑泰内获得博士学位后，申请了好几所学校助理教授的职位。这些学校都坚持要一份完整的履历表，我这才惊讶地发现原来在来我这里做研究生之前，她已是耶鲁大学护理系的助理教授了。我后来发现她还得过银星勋章

（Silver Star）及其他奖章，因为她在越战中有过英勇的表现。1970 年，她曾负责过柬埔寨鹦鹉嘴野战医院的工作。

我对她背景的了解仅限于此，因为她守口如瓶，不肯多说。现在我明白她身上勇气和坚强个性的来源了。在她从事护理工作时，她的理念——心理状态会影响生理健康，是被她的同事嘲笑的。等完成博士论文时，她已经用科学的方法证明了心理状态的确可以影响病情。后来，维桑泰内成了耶鲁大学医学院小儿护理系的系主任。

## 为什么乐观的人更健康

心理活动怎么可能影响肉体的疾病呢？这是我认为最难解的哲学问题。

宇宙中只存在两种实体：物质实体和精神实体。这是 17 世纪理性主义大师笛卡尔的观点。那么，这两者是如何相互作用的呢？笛卡尔是二元论者，他认为心理可以影响身体。后来出现了另一种持反对观点的思想学派，这一学派的影响力一直持续至今。这就是唯物论，唯物论者坚决反对那些思想和情绪可以影响身体的说法。

长期以来，我一直被三个方面的有关健康和希望的问题困扰着。每一个问题都可以说是身心问题的现代化身。第一个方面的问题是有关原因的。希望真的可以维持生命吗？绝望和无助真的会致命吗？第二个方面的问题是有关机制的。在这个物质的世界里，希望和无助是怎么运作的？什么样的机制使心理对身体产生了影响？第三个方面的问题是有关治疗的。改变你的想法可以增进健康，使你延年益寿吗？

近些年，世界上各个实验室都陆续发表研究报告，宣称心理特质，尤其是乐观可以增进健康。这些证据使我们以前听到的许多老生常谈的话显得更有道理了，例如笑口常开、开朗或生存意志可以增进健康等。

习得性无助理论从四个层面来强调乐观对健康有益。

第一是来自维桑泰内的研究报告：有习得性无助感的老鼠比较容易患癌症。这个发现很快被更多、更详细的免疫系统研究证实了。免疫系统中有一种名为 T 细胞的细胞，它可以辨识入侵者，例如麻疹病毒，然后快速地自我分裂，进而将这些入侵者消灭掉。另一种天然杀手细胞（NK 细胞）可以扑杀它们遇见的任何入侵异物。

研究者在无助的老鼠身上发现，它们的免疫系统功能减弱了。无助老鼠血液里的 T 细胞不再快速地分裂，脾脏内的 NK 细胞也失去了杀死入侵者的能力。这些研究显示，习得性无助不只是影响了行为，它深入细胞层，使免疫系统变得被动。

这对解释风格来说又有什么特殊意义呢？解释风格是习得性无助的核心。如前所述，乐观者可以抵抗无助，当失败时，他们不容易变得抑郁，也不会轻易放弃。而无助经验越少，免疫系统越强健。**所以，乐观影响健康的第一种方式就是防止无助的发生，进而使免疫系统强健有力。**

**乐观增进健康的第二种方式是使你维持良好的健康习惯，有病及时寻医问药。**悲观的人认为生病是永久的、普遍的和人格化的。他们会认为，“我怎么做都没用”“那又何必多此一举”。在一个对 100 名哈佛毕业生为期 35 年的追踪研究中发现，悲观者比乐观者更不容易改掉抽烟的习惯，更容易生病。乐观者习惯于掌握自己的命运，会采取行动来防治疾病。

**乐观促进健康的第三种方式是减少坏事件发生的次数。**统计显示，一个人在某一时期遇到的坏事越多，越容易生病。在 6 个月内经历搬迁、被解雇和离婚的人患病的概率非常高，甚至得心脏病和癌症的概率也比一般人高。所以即使你自己感觉身体很好，也还是应该在换工作、退休、离婚或亲人死亡时特别注意自己的身体。丧偶的人在头 6 个月的死亡率比平常高出好几倍，所以如果你的母亲去世了，你一定要让你的父亲去做一个全面的体检。

你可能会想，谁会碰到较多的不幸事件呢？答案是悲观的人。因为他们比较被动，较少主动采取行动来避免不好的事发生，而且在事情发生之后也较少采取行动来终止这些事。所以，悲观的人发生不幸事件的概率比一般人高，而如果不幸事件容易导致疾病的话，悲观的人就较容易生病了。

**乐观可以促进健康的第四种方式是提供社会支持。**拥有一份深厚的友谊和爱情似乎对身体健康很重要。一个中年人如果有一个好朋友，可以在有问题时半夜打电话去谈心，那么他的健康状况会比没有朋友的人好很多。同时，没结婚的人患抑郁症的比率要比结了婚的人高。即使只是一般的朋友，他们也会对抵抗疾病有所助益。

我母亲 70 多岁时动了一次手术，有几个月的时间，她必须挂着尿袋。很多人觉得尿袋恶心，所以我母亲深觉羞愧，她躲避朋友，不再打桥牌，也不让我们去看她。不幸的是，在她独居的这段时间里，她的肺结核复发了，她为所谓的寂寞付出了代价。

悲观者也有同样的问题。遇到挫折时，他们比较被动，很少去寻求社会支持。社会支持与疾病之间的联系提供了乐观解释风格可以促进健康的第四个理由。

彼得森最先研究了悲观和疾病之间的关系。20 世纪 80 年代中期，彼得森在弗吉尼亚理工学院教授变态心理学，他让班上的 150 名学生做了归因风格测试，同时写下自己的身体健康状况，以及过去几个月中一共去看过几次医生。彼得森追踪了学生一年的健康状况，发现悲观的学生比乐观的学生得传染病的概率高两倍，而且去看医生的次数也多两倍。

这会不会是因为悲观的人比较喜欢抱怨这里痛那里痛，而不是真的有病？不是的，因为彼得森在学生做测试之前和之后都实际调查过学生生病的次数和去看医生的次数。悲观者生病的次数和看医生的次数的确比较多。

另一项研究是关于乳腺癌复发率的。有一项英国的研究追踪了 69 名乳腺癌患者 5 年，结果发现，没有复发的妇女多半是有战胜疾病意志的人，而那些死亡或复发的妇女多半是无助地接受医生的诊断、默默忍受的人。

有没有可能那些乐观的人正好病得比较轻，所以活得比较久呢？不是。美国国家癌症研究所（The National Cancer Institute）拥有珍贵、详细的病情资料，包括 NK 细胞活动形态、淋巴结的数目、癌细胞扩散情况等。结果显示，那些活得较久的人的确受益于乐观的解释风格和对生命的享受。

不过，这种结论也遇到过挑战。1985 年，巴里 · 卡希利斯（Barrie Cassileth）发表了一篇有关绝症患者的研究报告，指出心理变量对患者的存活率没有任何影响。《新英格兰医学杂志》（*New England Journal of Medicine*）的副总编马西娅 · 安杰尔（Marcia Angell）写了一篇社论，对卡希利斯的这篇文章大为赞扬，认为这项研究就是一个证据，告诉我们那些"疾病直接反映出心理状态"的说法其实只是民间传说而已。

我们如何解释卡希利斯的研究与其他显示心理状态会影响疾病的研究之间的不同呢？第一，卡希利斯的心理测验不恰当，她只用了一些广为应用的测验的片段，而不是整个测验。第二，卡希利斯的患者全是癌症晚期的患者。假如你被砂石车轧过，不管你多乐观，恐怕都没什么用；但假如你是被自行车撞了，那么乐观就会有相当重要的作用。我认为当病情已经严重到癌症晚期时，心理状态就不能发挥什么作用了；但当肿瘤还小，病情刚刚开始发展时，乐观的确攸关生死。

唯物论者把免疫系统从它所驻扎的那个人的心理中分离出来。他们认为乐观、希望这种心理变量会像灵魂一样挥发掉，所以不相信乐观、抑郁对免疫系统的影响。他们忘记了免疫系统是与大脑相连的，而心理状态又跟大脑的状态相关，大脑的状态直接反映一个人的心理，大脑的状态又会影响身体状况，所以情绪和思想会影响身体这种观点其实一点也不玄妙。

大脑和免疫系统不是靠神经连接的，而是靠激素。激素通过血液流遍全身，可以将情绪状态从身体的一部分传到另一部分。现在已有很多证据指出当一个人抑郁时，他的大脑也会随之改变。在神经之间传递信息的激素，在抑郁时会变得匮乏。另一种神经递质叫作儿茶酚胺，它在抑郁时也会变得很稀少。

但什么样的生理事件会使免疫系统知道它的主人正处于悲观、抑郁或悲痛的状态呢？当儿茶酚胺变得很少时，另一种化学物质内啡肽的活动就增加了。免疫系统能探测出内啡肽的水平，当儿茶酚胺水平很低时，内啡肽的水平就会变高，免疫系统就会减少自己的活动。

这只是生物学上的幻想，还是悲伤、抑郁的确可以关掉免疫系统？

大约 1980 年，澳洲有一些研究者找了 26 名刚刚丧妻的男士作为研究对象，他们为这些被试抽了两次血，第一次是在妻子去世后的第一个星期，第二次抽血是在丧妻后第六个星期。研究者检查了这些男士免疫系统的变化，结果发现悲痛时免疫系统的活动减少了，T 细胞没有像原来那样快速地自我分裂。过了一段时间后，免疫系统又逐渐恢复到正常水平。美国的学者同样也证实了这项研究的发现，并且把这项发现又往前推进了一些。

抑郁也会影响免疫系统的反应方式。有一项研究检验了 37 名妇女在经历人生重大变故后或抑郁时，血液中的 T 细胞和 NK 细胞的活动情形。她们血液中的 NK 细胞活动程度都比一般妇女低。她们的抑郁程度越严重，免疫系统的反应就越糟。

如果抑郁和悲伤会暂时降低免疫系统的功能，那么悲观，这个更长期的心理状态，就应该会使免疫系统长期处于低活动状态。如第 5 章讲到的，悲观的人较容易且更经常地沉溺于抑郁，这表示悲观的人免疫系统功能一般比较差。

为了验证这个假说，宾夕法尼亚大学的研究生莱斯利·卡门（Leslie Kamen）、耶鲁的罗丁和我进行了合作，罗丁已经追踪康涅狄格州纽黑文市一群老人的健康状况很久了。这些老人平均年龄为 71 岁，研究者每年多次去详细调查他们的营养、健康状况以及他们儿孙的情况。研究者每年都要给这些老人抽一次血，以检查他们的免疫功能。我们把这些资料拿来进行悲观程度分析，然后分析血液数据，看能否预测免疫活动的强弱。正如我们所预期的，乐观者有比较强的免疫功能。此外，我们还发现调查时老人的健康状况和抑郁程度都不能预测他们的免疫功能，唯有悲观会使免疫系统的活动减弱。

综上所述，这些证据很清楚地指出心理状态可以改变你的免疫反应。丧失亲人的悲痛、抑郁和悲观，都会减弱免疫系统的活动。至于这些心理因素如何作用于生理，还没有很完善的解释。不过有一种可能性，就是前面所谈到的，大脑内有一些神经递质在这些心理状态下被耗尽了或数量变得很少，进而引起内啡肽的增加，人体免疫系统的活动就会减弱。

如果你很悲观，损害了免疫系统，那么悲观很可能会影响你一生的健康。

## 哈佛高材生的生活

乐观的人比悲观的人更长寿吗？如果小时候有乐观的解释风格，是否一生都比较健康？

从科学的角度看，这个问题很难回答。我们不能找一群长寿的老人，说他们大多数是乐观的，所以乐观者更长寿。他们很可能是因为身体硬朗才乐观的，而不是因为乐观才长寿。

所以在回答这个问题之前，我们要先回答几个其他的问题。首先，我们需要知道解释风格是否很稳定，一生中都不太会改变。为了研究这个问题，我的一个研究生梅拉妮 · 伯恩斯（Melanie Burns）在老年杂志上刊登广告，寻求保留着自己十几岁时日记的老人。30 位老人来应征，并把他们的日记交给我们，我们利用 CAVE 技术描绘了他们青少年时期的解释风格。此外，我们还要求这些老人每人写一篇较长的文字，描述他们现在的生活、健康、家庭、事业状况，我们对这篇文章也进行了 CAVE 分析，得到了他们晚年的解释风格。那么这两次分析有相似之处吗？

我们发现，对积极事件的解释风格在 50 年间是可以改变的。例如，同一个人在生命的某一个阶段会认为积极事件的发生完全是命运的作用，在另一个时期则认为是自己能力的作用。但我们发现对不幸事件的解释风格是相当稳定的，50 年中几乎没有改变。一些在少女时期认为男孩子对她们没有兴趣是因为她们“不可爱”的女人，在 50 年后，同样认为孙子不来看她们是因为她们“不可爱”。我们看待不幸事件的方式，也就是我们的悲剧理论，是一生不变的。

这个重要的发现使我们更接近了我们想要问的问题——年轻时的解释风格是否会影响以后的健康状况？在提出我们的问题之前，还有哪些应该知道的呢？

我们需要一个有下列特质的大样本：

1. 年轻时，他们留下许多对原因进行分析的评论或记录可供我们做 CAVE 分析。

2. 我们必须确定他们在写这些评论时是健康的、成功的。这点很重要，因为如果那时身体不健康或已经失败了，那么他们可能是悲观的，而悲观会使他们以后也不健康。如果是这样，可能只是因为早期的疾病或早期的失败造成了不健康的生活，而不是悲观的解释风格造成的。
3. 我们需要的被试是每年固定做体检的人，这样我们才能画出他们一生的健康变化曲线。
4. 最后，我们需要年纪很大的被试，这样我们才能进行一生的健康预测与分析。

我们的要求显然比较苛刻，到哪里可以找到符合这些条件的人呢？

乔治·瓦利恩特（George Vaillant）一直是我很尊敬的心理分析学家，1978—1979 年我有幸成了他的"同学"。我们一起被邀请去斯坦福大学的行为科学研究中心做一年的研究。瓦利恩特深信心理分析理论中的防御理论，认为影响我们一生的不是有多少不幸事件，而是我们怎样在心理、精神上去对抗它们。他认为对不幸事件的习惯性解释是自我防御的一种，他曾花了 10 多年的时间追踪研究一个很特殊的样本，在他们从中年进入老年时详细地进行访谈。

20 世纪 30 年代中期，格兰特基金会（William T. Grant Foundation）研究过身体健康人群的成人期生活。这项研究最初的设计者是想通过追踪一群绝顶聪明的人来调查决定成功和健康的因素。所以他们找了哈佛大学 5 个年度的大一学生，从里面挑选出 200 名身体状况绝佳、智力和社交能力一流的学生作为追踪对象，这大约占哈佛大学 1939—1944 年入学学生的 5%。截止到 1990 年，这些人都 70 岁左右，且全力配合这项研究 50 年了。他们每 5 年做一次全面的体检，并定期接受访谈，不停地填写各种问卷。他们为研究影响健康和成功的因素提供了最宝贵的资料。

当这个研究项目的主持者因年纪太大而无法继续时，他想找年轻人继续追踪研究到这些被试去世。那时正好是这群哈佛毕业生毕业 25 周年聚会，项目主持者选择了瓦利恩特。瓦利恩特那时是美国最有前途的年轻精神病专家之一。

瓦利恩特在格兰特基金会的研究中的第一个重要发现是，20 岁时的财富并不能确保以后的成功和健康。这些被试中有相当多的人失败或不健康，例如婚姻失败、破产、酗酒、很年轻就得了心脏病、自杀等。这些人与同时期成长在贫民窟的同龄者所经历的伤心事和打击一样多。瓦利恩特想找出哪些因素可以预测这些人中什么样的人会有好生活、好事业，什么样的人又会潦倒一生。

我前面说过，瓦利恩特主要关注的是防御机制，即这些人对抗不幸事件的特殊方式。有些人还在大学时就能以成熟的方式来面对失败，比如以幽默、利他、升华等方法来自我排解；而有些人就不行，例如当女朋友移情别恋时，他们用否认、投射等不成熟的防御方式来解释这种打击。那些在 20 岁时就已有成熟的防御机制的人，以后会更容易成功，更健康。当他们 60 岁时，这些人往往没有患上心脏病、高血压等慢性疾病。但那些年轻时没有成熟防御机制的人，有超过 1/3 的人到 60 岁时健康状况很差。

这些人就是我们要找的人。他们在年轻时都留下了相关资料，而且他们当时都很健康、成功，他们的健康状况一直被密切地追踪着，现在他们都处于中年后期。此外，我们还了解了很多有关他们人格、生活情况的信息。那么，这些人中，乐观者是否会比悲观者更健康、更长寿呢？

瓦利恩特很爽快地答应了我和彼得森的合作邀请。我们决定用“密封信封”（sealed-envelope）的方式来进行研究，不去了解这些人是谁以及他们的健康状况。我们先随机选择了一半被试（共 99 人），并调取这些人在第二次世界大战结束后聚会时所写的文字。这里面的资料非常丰富，充满了悲观和乐观的解释风格。

- “船沉了，因为那个海军上将笨。”
- “我永远不可能跟那些人相处得好，因为他们嫉妒我是哈佛毕业的。”

我们用 CAVE 技术分析了所有的文字，绘制了青春期结束时每个人的解释风格。

一个下雪天，彼得森和我飞往达特默斯，瓦利恩特在那里做精神学教授，我们三个人共同打开了密封的信封，看这些人实际的生活情形与我们所勾画出来的解释风格之间的关系。我们发现，他们 60 岁时的健康状况跟他们 25 岁时的乐观程度有密切的联系。悲观的人比乐观的人更早开始生病，而且更严重，这个差距到 45 岁时已经非常显著了。在 45 岁以前，乐观对健康没有影响。在 45 岁以前，男性一般保持着跟 25 岁时一样的健康状况；但到 45 岁以后，男性的身体健康状况开始走下坡路。这个坡下得有多快，可以从他 25 岁时的悲观程度来预测。此外，当我们把防御方式——25 岁时的心理和生理健康状态输入电脑程序中时，乐观这个因素被分离出来，成为决定 45 岁及之后 20 年的健康状况的主要因素。这些人现在正步入老年，在接下来的 10 年里，我们可以验证乐观除了可以预测健康外，是否也能预测长寿。

## 赶走你的抑郁

现在已有许多证据表明心理状态的确会影响身体健康。抑郁、哀伤、悲观对健康有短期和长期的影响，而且这种影响是如何产生的现在已不再神秘了。

这个影响的每个环节都是可以验证的，失败—悲观—抑郁—儿茶酚胺减少—内啡肽增加—免疫系统被抑制—生病。这里面没有不可测量的过程。此外，如果影响的过程真是如此的话，我们可以在每一个环节上进行治疗和预防。

“这样的机会一生只有一次。”罗丁这样说。罗丁是个奇人，她不到40岁就成了耶鲁的教授、美国东部心理协会的会长。在这个寒冷的冬天的早晨，她把我们叫到纽黑文市来开会，告诉我们她认为时机已经成熟了，应该去向麦克阿瑟基金会申请支持，以发展日益壮大的心理神经免疫学（psychoneuroimmunology）。

一向害羞、声音轻柔的匹兹堡心因性肿瘤学（psychological oncology）教授桑德拉·利维（Sandra Levy）开口了。她略带激动地说：“我一直想做的就是尝试治疗和预防。罗丁和马丁已经告诉我们，悲观的解释风格会造成免疫功能下降。现在已有足够的证据可以证明，认知疗法能改变解释风格并治疗癌症。”

她说完后，出现了较长时间、令人难堪的沉默，除了这个房间里的人，几乎没有人相信心理治疗能提高免疫功能，更没有人相信心理治疗可以治疗癌症。对其他心理学家来说，这是冒牌科学家或不学无术的江湖郎中说的话，没人会相信。

我鼓起勇气打破了沉默。“我同意利维的话。”我这样说，不太确定会有什么样的后果。“让我们用心理学的方法来试试改变免疫系统。如果错了，那我们不过是浪费了几年的时光而已；但如果我们是对的，并且能说服政府去做更好、更精确的这类实验，我们就给医学保健系统带来了革命。”

那天早上，罗丁、利维和我决定去试一下。我们请求麦克阿瑟基金会支持我们做一个小规模的关于认知疗法提升免疫系统功能的研究。这个要求很快被核准了，所以在后来的两年里，我们治疗了40名直肠癌患者和皮肤癌患者。这些患者在接受放化疗的同时，另外每个星期接受一次认知治疗，共 12 个星期。我们设计这些治疗的目的不是治愈抑郁症，而是引导患者采用一些新的思考方式来应对打击。我们让他们认识到自己不自觉的思想，当他们钻牛角尖时，想办法使自己分心，然后与自己的悲观解释争辩，反驳自己的悲观看法（详见第 12 章）。另外，我们还教他们如何放松，如何应对压力。当然，我们还设置了一个控制组来做比较，他们也是癌症患者，接受同样的放化治疗，只是没有接受认知治疗和放松训练。

“我的天啊！你应该来看看这些数字！”我从来没有见过利维这么兴奋的样子。这是两年后，11 月的一个早晨，她打电话给我。“接受认知治疗的患者体内 NK 细胞活性提升得非常快，但是控制组的患者并没有，我的天！”

简单地说，认知疗法的确增强了免疫系统的活动，就如我们预期的那样。

现在就断言是认知疗法改变了疾病的方向或拯救了这些癌症患者的生命还为时过早。但是，这个小型的研究足以说服麦克阿瑟基金会支持我们做长期的研究。从 1990 年开始，我们对更多的癌症患者进行认知治疗，想办法提升他们身体的免疫能力，进而击败癌症。

同样令人兴奋的是，我们也会尝试预防。我们对高危人群进行认知治疗（详见第 12 章）。这些人包括刚离婚或刚分居的人，以及驻守在南北极寒冷地带的军人等。一般来说，这些人的患病率比普通人高，改变他们悲观的解释风格是否会增强他们免疫系统的抵抗力，进而降低他们的患病率呢？

我们很有信心。

## 塞利格曼的乐观课堂

Authentic Happiness

1. 抑郁、哀伤会在短期内减弱我们免疫系统的功能，悲观则会长期抑制免疫功能，使我们的健康受损。
2. 认知疗法可以增强免疫系统的功能，改善患者的健康状况。

第 11 章

# 乐观的领导人得民心

---

历史文献是肥沃的土壤，
预测未来是验证理论的好方法。

---

1988年1月，13位总统候选人开始四处奔波，发表政见。共有6位共和党参选人，其中布什（George Bush）和多尔（Robert Dole）的民意调查结果比较接近。很多人认为布什会输，因为多尔强悍而布什软弱。不过，电视布道家罗伯逊（Pat Robertson）、保守派肯普（Jack Kemp）和黑格（Alexander Haig）将军的实力也不容小视。

民主党更是人人有希望，个个无把握，逐鹿中原者一大堆，不知鹿死谁手。

哈特（Gary Hart）似乎已经从上一届的性丑闻中恢复过来了，再次在民意调查中领先。参议员西蒙（Paul Simon）、马萨诸塞州州长杜卡基斯（Michael Dukakis）、参议员戈尔（Albert Gore）以及众议员格普哈特（Richard Gephardt）都被认为很有希望，而黑人牧师杰克逊（Jesse Jackson）被认为仅能获得黑人的选票。

我们用CAVE技术把这13位角逐者的演讲稿加以分析、评分，得出了我们的预测。在2月艾奥瓦州初选的前一个周末，哈洛德·祖洛（Harold Zulow）坚持认为应该把我们的预测结果放在密封的信封里，寄给《纽约时报》，并放一份在宾夕法尼亚大学心理系主任那里，以免万一被我们预测中了却没有人相信。

> 5 月初，初选尘埃落定后，祖洛跟我坐下来，将他 2 月初密封信封里的预测与初选结果进行比较，我几乎不敢相信自己的眼睛：简直是完全正确的！

我早年读过的弗洛伊德的文章强烈地影响了我后来的研究方向。科幻小说作家艾萨克·阿西莫夫（Isaac Asimov）虽然不像弗洛伊德那么有名，但他的作品对我的影响更深远。在他那本令人一看就放不下来的小说《基地三部曲》（*Foundation Trilogy*）中，阿西莫夫为有头脑、长满粉刺的孩子创造出一个英雄——塞尔登（Hari Selden）。他创造了心理历史学，专门预言未来。塞尔登认为个人是不可预测的，但由个人所组成的团体是可以预测的。只需有塞尔登的统计公式和行为原则（阿西莫夫从来没有把这个秘密透露给我们），你就可以预测历史的走向。“哇！”这些年轻人佩服得不得了，“可以用心理学的原则来预言未来！”

这个“哇”一直跟着我。当我还是资历较浅的教授时，我非常兴奋地发现心理历史学真的存在。后来，我与我的好朋友宾夕法尼亚大学历史系的助理教授艾伦·科尔斯（Alan Kors）合开了一门心理历史学课。这门课给了我们一个机会去探讨学术界的阿西莫夫世界。结果发现这是一次令人失望的尝试。

我们阅读了爱利克·埃里克森（Erik Erikson）所做的相关研究，他企图把弗洛伊德的精神分析原理应用到马丁·路德身上。埃里克森说路德反抗的勇气来自他幼年时大小便的训练，埃里克森教授从路德零星的童年史料记载中得出了这个惊人的结论。这种异想天开的推论绝对不是塞尔登的本意。第一，它的原理并不能达到目的，甚至无法帮助治疗师解释患者为什么有反抗心理，更不要说去解释已经死了几百年的人的反抗心理了。第二，那个时期所谓的心理历史学进行的是个案研究，而阿西莫夫清楚地指出有效的预言是针对团体的。第三也是最糟的一点，这种心理历史根本没有预测出什么来。它只是编一个故事使已有的定论合理化。

1981 年，当我接受艾尔德的挑战去发展时间机器时，阿西莫夫的理念还深埋在我心里，所以我准备用内容分析的方法来找出那些不能或不愿接受问卷调查的人的解释风格。但是，还有一大群不能接受问卷调查的人已经死了，他们的行为影响了历史。我告诉艾尔德，CAVE 技术正是他所梦想的“时间机器”。我建议不仅可以将它应用到当代不愿接受测验的人身上，还可以用在已经死亡的人身上。我们所需要的只是他们忠实的口述记录。只要有这些资料，我们就可以找出他们的解释风格。我还指出这类材料非常广泛，自传、遗嘱、新闻稿、录音带、日记、病历、从前线寄回来的家书、答谢辞等。“艾尔德，”我说，“我们可以来研究心理历史。”

毕竟，我们手上有塞尔登所说的三个必要条件。第一，我们有一个很有价值的心理学原理，乐观的解释风格可以预测抵抗抑郁症的能力，可以预测高成就、坚韧性。第二，我们有一个能有效测量生者或死者的解释风格的方法。第三，我们的样本足够大。

1983 年春天的一个早上，我对 21 岁的大学生祖洛解释着上面的内容，他的思维、精力都是一流的。我希望说服他来宾夕法尼亚大学做我的研究生。

“你想过把这套方法用到政治上吗？”他说，“或许我们可以预测选举。我敢打赌美国人希望有一个乐观的领导者，一个告诉他们问题一定可以解决的人，而不是一个对什么都抱着怀疑态度的人。你需要大量的被试吗？美国选民这个群体如何？你无法预测每一个选民的投票情况，但是或许我们可以预测一群选民。我们可以从候选人发表的政见中找出他们的乐观情况，然后预测谁会赢。”

我很高兴他用了“我们”，因为这表示他会来宾夕法尼亚大学就读。他果然来到了宾夕法尼亚大学，在这之后的五年里，他的成就惊人。他成了第一个预测历史事件的心理学家。

# 用乐观情况预测美国总统大选

## 1948—1984 年大选

美国选民希望有什么样的总统？乐观性在美国选民心目中有分量吗？我们重新阅读了近代当选总统和落选者的提名演讲。在这里面，乐观和不乐观的差异立刻显现出来了。我们来看看史蒂文森（Adlai Stevenson）在 1952 年第一次接受民主党提名时的答谢辞（史蒂文森两次竞选美国总统都失败了）。

> 当喧嚣和喊叫停止时，当乐队离去、灯光熄灭时，在这历史性的时刻，责任赤裸裸地摆在我们面前。这是一个内忧外患的时刻：对内，唯物论和各种明争暗斗的鬼魅萦绕着我们；对外，国际上充满了斗争。

史蒂文森不愧是个学者，他的演讲稿中充满了不幸的事以及对这些事的分析，但他没有提出任何改变这些事的方法。下面是他的解释风格：

> 20 世纪，这个最动荡不安的时代还没有过去。牺牲、忍耐和难以和解的目标将在未来很多年里充斥在我们的生活中……
>
> 我不希求你们提名我为总统候选人，因为坐在那个位子上的压力超乎任何人的想象。

他的解释风格具有永久性：磨难会很长久，会引起牺牲，同时也具有普遍性：这个负担使他不敢去希求总统提名。史蒂文森，一个绝顶聪明的人，但处于情绪的黑洞中。他的解释风格是抑郁的。

艾森豪威尔的演讲词和史蒂文森的大不相同。艾森豪威尔曾两度成为史蒂文森的对手，他的解释风格中反刍很少，乐观性强，而且充满了行动。请听艾森豪威尔接受共和党提名的演说词（他即将去朝鲜）。

> 今天是我们开战的第一天。
>
> 通往 11 月 4 日的这条路充满了荆棘，在这个挑战中，我会全力以赴，毫不保留。
>
> 我参加过很多战役，习惯在战斗的前夕到营地与我的士兵聊天，谈他们所关心的事，谈我们的重大责任。

艾森豪威尔的演讲词没有史蒂文森的优雅、含蓄、文采，但他赢得了 1952 年和 1956 年的大选。当然，他是第二次世界大战期间的英雄，对手的资历跟他比起来的确是小巫见大巫。有些历史学家认为没有人比得上艾森豪威尔的声望。事实上，共和党和民主党都在争取他做候选人。那么，艾森豪威尔的乐观和史蒂文森的悲观究竟跟大选的结果有没有关系呢？我们认为是有的。

总统候选人如果比对手悲观并且有反刍的习惯，会怎样呢？我们认为会有三个负面影响。第一，这个阴沉的候选人会比较被动，竞选演说的次数比较少，也较少会立刻反击对方。第二，选民比较不喜欢他。一个控制良好的实验曾显示人们会避免跟抑郁的人在一起，也比较不喜欢抑郁的人。第三，比较悲观的候选人不太会激起选民的希望。悲观者对不幸事件所做的永久性和普遍性的评价会使人感到绝望。这三个结果加起来，我们就可以预测悲观的候选人会输掉竞选。

要验证我们的看法，即候选人的乐观程度会影响大选结果，我们需要找到一个基准点。在这一点上，两个候选人的演讲必须可以相互比较，而且可以跟以往候选人的演讲相比较。最合适的比较就是接受提名时的演讲，在这篇演讲词中，候选人必须勾画出国家未来的蓝图。

我们收集了自 1948 年起，共 10 次提名总统的演讲词，把里面凡是有关因果关系的句子都勾出来，将它们随机排列，然后拿去给不知情的人评分，用 CAVE 计算他们的乐观分数。此外，我们还将评论或分析不好事件但未提到如何去解决的句子都找出来，除以全部的句子数目，得出了反刍的比例。我们同时对带有行动取向的句子做了统计，计算出候选人提到他曾经做了什么或者准备怎么做的句子在全篇演讲词中所占的百分比。我们把解释风格分数加上反刍分数得到一个总分，我们叫它悲刍（pessrum）。悲刍的分数越高，候选人的解释风格越糟。

当比较 1948—1984 年这 36 年间每一次选举中两党候选人的悲刍分数时，我们的第一个发现就是 10 次中有 9 次是悲刍分数低的那位候选人当选。只用看他们演讲的内容，我们就能比民意调查机构预测得还准确！那么，输赢的幅度跟两个候选人悲刍的差距有关吗？大有关系。差距大则输赢的幅度也大；两个候选人如果乐观分数只差一点，输赢则也只差一点。

等一下。哪一个在前？是乐观还是领先？是认为自己会赢的乐观使选民投他，还是因为他已经领先所以乐观？乐观是领先的原因，还是领先的结果呢？要澄清这一点最好的方式就是去看后来居上的那些候选人。他们在开始竞选时，民意调查显示他们落后于对手，有的时候落后很多。1948 年，杜鲁门落后于杜威 13%，但是他的悲观分数比杜威低很多，最后杜鲁门以支持率高出 4.6% 的优势胜过杜威，让所有人大跌眼镜。1960 年，肯尼迪比尼克松落后 6.4%，但是肯尼迪的悲刍分数比尼克松低很多，即他比尼克松乐观得多，投票结果是他比尼克松高 0.2%。这是有史以来最接近的选举，真正的险胜。

我们可以在统计上控制早期民意调查时的领先以及候选人为现任总统这两个因素，因为它们会使乐观分数膨胀。当控制了这两个因素后，我们看到乐观效应仍存在，而且是主效应。悲刍分数决定了输赢的幅度，而且比其他因素预测得更准。

选民为什么喜欢乐观的候选人，可能有三个原因：**第一，乐观者的竞选造势比较有活力；第二，选民不喜欢悲观者；第三，乐观可以带来希望。**对于第二点和第三点，我们并没有直接测量的方法。对于第一点，我们计算了7次大选中每位候选人竞选时每天所到之处，即他们对选举有多投入。如我们所预测的一样，较乐观的候选人去的地方比较多，比较热衷、比较投入，竞选更卖力。

候选人的演讲稿通常是别人捉刀的，而且经过了一再的修改。那么，它反映出的到底是候选人的乐观程度还是捉刀者的乐观程度呢？从某个角度来看，这是没有关系的。这个乐观分析其实预测的是基于对候选人的印象选民会怎么投票而已，至于这个印象是真的还是塑造出来的并没有关系。但是从另一个角度来看，候选人究竟是怎么样的就很重要了。弄清这点的一个方法便是比较记者招待会和公开辩论中候选人的发言，因为这种场合较少照本宣科，通常反映了他们的想法。我们分析了有公开辩论的4次总统大选，这4次大选中，悲刍分数比较低的候选人在辩论中的表现也比较好。

然后，我为6位领导人的演讲词和记者招待会的文稿评分，进而找出他们的解释风格。很厉害的是，我发现他们从照本宣科的演讲稿到记者招待会的即兴演说，都有一个相当稳定的特征，事先写好的演讲稿和记者招待会的即席作答两者的普遍性和永久性非常一致。人格化分数则显示出不同，不过这个变化是一个常数。换句话说，个人的解释，例如谁应负责任，在正式的演讲中比较含蓄，有所掩饰，而在记者招待会中常是自然流露出来的，比较率性。

我的结论是，无论有没有人捉刀代言，演讲稿一般都可以反映出演讲者的性格。不过有一个例外，那就是杜卡基斯。

## 1900—1944 年大选

我们决定验证一下我们 10 个中有 9 个预测正确的结果是否为偶然。我们阅读了 1900 年以来的竞选文稿，并分析了他们的解释风格和反刍，这样就增加了 12 次总统大选的材料。

我们看到了同样的结果，12 次大选中有 9 次是悲刍分数比较低的候选人获胜，而且获胜的幅度跟两人分数的差距相关。另外那三个例外是非常有意思的。这三个例外都是罗斯福的连任选举，罗斯福每一次都赢得蛮多，虽然他比兰登（Alfred Landon）、威尔基（Wendell Willky）和杜威都悲观。我们认为这三次选举中，选民投票受到了罗斯福应对危机时如何表现的影响，而没有受他对手演讲词中希望程度的影响。

在 1900—1984 年的 22 次总统选举中，美国人有 18 次选择了乐观的候选人。在所有的选举中，那些原来不被看好但后来居上的意外者，都是比较乐观的候选人。输赢的幅度与两位候选人悲刍分数的差距相关，乐观程度超出对手越多的人，赢的幅度也越大。

在成功地验证了历史后，祖洛和我认为预测未来的时机已经成熟了。

# 用心理学预测未来

心理历史学是用来“后测”事件的，即用更早以前的事去预测后来已经发生的事。这没有什么惊人之处，因为如果已经知道了结果，我们就有相当大的空间去寻找导致这个结果的理由。

在分析的 22 届总统竞选中，我们已经知道谁赢了，虽然我们尽量做到公正地分析，并且找不知情者来评分，但比较机灵的评分者很可能会猜出演讲的人是谁。只有像塞尔登所描绘的那样，能够预测出未来，心理历史学才能引起别人的兴趣，它的方法才不会使人质疑。

在完成了 1900—1984 年的总统大选分析后，我们终于可以去预测 1988 年的总统大选了。在我们之前，从来没有任何一位社会学家预测过历史上的大事。我们决定在三个方面做预测：第一是预选，预测谁会是两党的提名人；第二是预测谁会赢得大选；第三是预测 33 个参议员的选举结果。我们立刻开始收集所有候选人的演讲。

## 超准的初选预测

1988 年 1 月，13 位总统候选人开始四处奔波，发表政见。共有 6 位共和党参选人，其中布什和多尔的民意调查比较接近。很多人认为布什会输，因为多尔强悍而布什软弱。不过，电视布道家罗伯逊、保守派肯普和黑格将军的实力也不容小视。

民主党更是人人有希望，个个无把握，逐鹿中原者一大堆，不知鹿死谁手。哈特似乎已经从上一届的性丑闻中恢复过来了，再次在民意调查中领先。参议员西蒙、马萨诸塞州州长杜卡基斯、参议员戈尔以及众议员格普哈特都被认为有希望，而黑人牧师杰克逊被认为仅能获得黑人的选票。

《纽约时报》把每一位参选者的竞选演说稿刊登了出来，我们用 CAVE 技术对这 13 位角逐者的演讲稿加以分析、评分，得出我们的预测。在 2 月艾奥瓦州初选的前一个周末，祖洛坚持我们应该把预测的结果放在密封的信封里寄给《纽约时报》，并放一份在宾夕法尼亚大学心理系系主任那里，以免万一被我们预测中了却没有人相信。“假如我们是对的，”祖洛肯定地说，“我不希望人家说我们是马后炮。”

我们的预测一点也不含糊。在民主党参选人中，马萨诸塞州州长杜卡基斯是最显著的领先者，他的悲刍分数比其他人低了一大截（最乐观）。最差的是哈特，这位科罗拉多州的参议员简直像一个抑郁症患者。杰克逊的悲刍分数也很低，这说明他有潜力，会是一匹黑马。杜卡基斯果然赢了；哈特敬陪末座，退出了选举；杰克逊则使人震惊，在艾奥瓦州脱颖而出。

在共和党中，布什比多尔的悲刍分数低很多，事实上，布什比杜卡基斯乐观，而多尔和布什的差距比杜卡基斯与哈特之间的差距还大。我们认为多尔会很快退出。敬陪末座的是罗伯逊和黑格，黑格的悲刍分数是最高的（也就是最悲观的），所以我们认为罗伯逊不会有什么进展，黑格则完全没有希望。

结果布什轻易地打败了多尔，罗伯逊根本不成气候，黑格则是最大的输家，连一个代表席位都没有争取到，黯然退出选举。5 月初，初选尘埃落定后，祖洛跟我坐下来，将他 2 月初密封信封里的预测与初选结果进行比较，我几乎不能相信我的眼睛：简直是完全正确的！

## 预测大选结果

25 个州的初选结束后，《纽约时报》打电话给我们。祖洛将密封信封寄交存证的那位记者写了一篇报道，来介绍我们预测得多准确。“我们要把它放在头版头条！”他说，并且追问我们谁会赢得大选。我们则顾左右而言他。从我们的分析看，布什会赢杜卡基斯 6%，因为布什显然比杜卡基斯乐观得多。但是我不愿就此去预测，主要是因为这个预测结果是基于对接受党内提名时的演讲稿进行的分析，而不是初选时的演讲稿；此外，我们也觉得布什演讲稿中有关因果关系的句子不算很多。

祖洛倒是另有担忧的原因。民主党和共和党都曾来找我们，希望我们透露预测的方法。祖洛说他不在乎记者包围他，但他担心的是候选人。如果他们用了我们的原则去重写演讲稿，去说选民希望听的话，那怎么办？这样一来，我们对大选的预测就无效了。

我告诉他不要担心，美国的政客都很顽固，不会真的注意我们的研究。我说连我自己都不敢相信这个预测结果，所以我想竞选总部的人不太会为了我们改写竞选文字。我建议把研究资料寄给民主党和共和党，我们的研究是公开的，参选人跟老百姓一样有了解的权利。

1988 年 7 月的一个夜晚，祖洛和我坐在我家客厅听杜卡基斯演讲的现场转播。听说杜卡基斯非常重视这场演讲，他甚至把肯尼迪总统的演讲稿撰写人重新征召出来替他捉刀。我们正襟危坐，手拿铅笔，等着记录反映杜卡基斯的反刍和解释风格的句子。进行到一半的时候，我悄声对祖洛说："这简直太疯狂了！如果他继续这样下去的话，没人赢得了他。"

> 现在是重新点燃美国人的创新精神和奋斗精神的时候，我们要将衰败的经济转变成充满希望的经济，施展每一个美国人的才华，建立一个最美好的美利坚合众国！

这简直太疯狂了！这是近年来最乐观的接受提名演说。这次演讲比杜卡基斯以前的演讲更乐观。美国民众非常喜欢这篇演说词，杜卡基斯的声望自民主党提名大会后领先了很多。

那么，布什有没有机会表现得比杜卡基斯更好呢？我们终于等到了 8 月底，来听共和党的提名大会演说词。它果然也是一篇超级乐观的演说词，布什解释风格的暂时性、特定性都很强。布什的悲刍分数可以说是那些年最低的，但还是比不上杜卡基斯 7 月的演讲。我们把悲刍分数套入公式（把在职的优势和民意调查的影响也考虑了进去），然后预测出他们的表现。根据他们的演说词，我们预测杜卡基斯会赢，但是赢得不多，约 3%。

不过，后来祖洛说，我们在 7 月听到的演讲并不是来自真实的杜卡基斯，他在其他时候的演讲都不像 7 月的演讲那样乐观。因此，祖洛开始怀疑杜卡基斯的那场接受提名演说只反映了撰稿人的乐观性。或者更糟，他们故意把它写得符合低悲刍的形态。在过去 4 次有公开辩论的美国总统大选中，在提名时悲刍分数低的候选人在公开辩论时的悲刍分数也比较低，但是这一次不一样。看起来祖洛的担心是有道理的，杜卡基斯的悲刍分数自提名大会后急剧上升，升至跟他初选时的悲刍分数一样。布什则很稳定，表现出比杜卡基斯更乐观的解释风格。

祖洛是对的，7 月份的演讲不是来自真实的杜卡基斯。民意调查似乎也反映出了这一点，布什的声望一路攀升，两人之间的差距越来越大。第二次电视辩论时，杜卡基斯的悲刍分数惨不忍睹。问他为何不能承诺做到收支平衡时，他说："我认为我们俩都做不到这点，我们无法预期未来会发生什么事。"他认为这个问题是永久性的，不可控制的（至少不是杜卡基斯自己可以控制的）。这比他 9 月份的话还要悲观。后来，杜卡基斯的讲话一直处于这种风格中，布什则是一路乐观下去了。

接下来的竞选大致反映了同样的悲刍差距。我们一路紧盯着两人的竞选，到 10 月初，我们感到杜卡基斯已经放弃了。到 10 月底时，我们将辩论的评分及整个秋季的竞选演讲分数套入计算公式中，得出最后的预测结果：布什赢 9.2%。

11 月大选时，布什赢杜卡基斯 8.2%。

## 预测参议员选举

1988 年有 33 个参议员要改选，我们收集了 29 位两党候选人的演说词，大多数是在他们宣布参选时发表的，因为这个时候离真正的投票日还很远，所以悲刍分数的差距跟民意调查中的领先或落后没什么关系。在大选的前一天，祖洛对这 29 位候选人做了最后的悲刍分析，放入密封的信封中，寄给好几位社会公正人士。

我们不仅正确地预测了入选的 25 位参议员，还正确地预测了所有的黑马以及选票的差距。所以，我们仅用了演讲稿的解释风格以及他们的反刍程度就预测出了总统初选、总统大选以及 29 位参议员的选举结果。我们对初选的预测完全成功，正确地预测了两党的赢家和输家。总统大选预测则是一半正确一半错误，祖洛通过他们秋季的演讲预测了布什的胜利。参议员的选举我们对了 86%，我们正确地预测出了大部分险胜者和黑马，没有人比我们更厉害。

这是我所知道的唯一一次社会科学家能够在事件发生之前正确地预测出重大历史事件的案例。

## 良好的开始

以前所谓的心理历史学与塞尔登所想象的相差甚远。它不能“预测”，只能“后测”，而且还作弊了；它只能重建一个人的生活，而不是一群人的行为。它所采用的心理学原理是很有问题的，而且没有应用任何统计工具。

心理历史学在我们的手中获得了重生。我们可以预测重大事件的结果。当我们“后测”时，我们没有作弊。我们试着预测很大一群人的行为——选民的投票结果。我们建立了真实、合理、有效的心理学原则，并且使用了恰当的统计工具。

但这只是一个开始，它使以后的心理学家不必再将自己限制在有问题的实验室研究或昂贵的群体研究中来验证他们的理论。历史文献成了肥沃的验证土壤，预测未来可以成为验证理论的更好的方法。

我们希望塞尔登会为之自豪。

## 塞利格曼的乐观课堂

Authentic Happiness

1. 心理历史学在我们的手中获得了重生，我们可以预测重大事件的结果。

2. 我们预测了很大一群人的行为——选民的投票结果。我们建立了真实、合理、有效的心理学原则，并且使用了恰当的统计工具。

# 第三部分

# 如何活出最乐观的自己

Learned Optimism

第 12 章

# 乐活人生的 ABCDE

如果在特定情况下失败的代价很高，那不应该乐观；
如果代价很低，则应该乐观。

**身边的悲喜故事**

唐诺是大四的学生，他父亲长年生病，最终在 4 年前去世了。今年唐诺回家过圣诞节时，母亲告诉他，她要和基尔夫结婚了。

唐诺知道母亲是几个月前认识的基尔夫，但他完全没想到母亲会想和基尔夫结婚。当母亲问他对此有什么想法时，唐诺爆发了："这真是让人恶心死了！"说完头也不回地离开了家。

他把这件事跟朋友们说了，有的朋友支持他，说："我简直不能相信你妈妈竟然要跟那个家伙结婚！她根本不了解他，他年纪那么大，跟她一点也不配，你妈妈怎么能这样对你？"

也有朋友支持他妈妈："事情有这么糟吗？你并不知道你妈妈对基尔夫的了解有多深，这一年你都在学校里。基尔夫比你妈大 10 岁又怎样？我爸比我妈还大 13 岁呢。"

有的朋友说："她怎么能这样对你爸爸？你爸爸死了没多久，她就要找别人来替代他了。"

唐诺觉得心里好乱，他自己来到湖边散步。

母亲最近看起来的确快乐了很多。唐诺想，"我发脾气可能是因为我太怀念爸爸了，我不能理解母亲怎么能把他忘了，去爱上别人"。但事实上，父亲已经去世 4 年了，不管唐诺喜不喜欢，母亲还要继续生活下去。唐诺又想，"我也不愿看到妈妈孤孤单单、闷闷不乐。我想爸爸在九泉之下也会希望妈妈幸福的。不过这个消息对我来说太意外了，我需要多了解基尔夫一些，我真希望他是个好人”。

想着想着，唐诺不再那么生妈妈的气了，他向家走去，决定好好跟母亲谈一谈。

与悲观者一样，乐观者也会遇到挫折和不如意，只是他们处理得比较好。因为乐观者在遭受打击后能很快复原，所以他们在事业、学业、运动场上能表现得更好。乐观者身体更健康，也更长寿。对悲观者而言，即使事情都如他们的意，他们还是会为未来不可预知的灾难而忧心。

现在悲观者有了一个好消息，那就是他们可以通过学习来变得乐观，改善生活质量。几乎所有的乐观者都会有一段时间觉得心情低落，学习了这个改变悲观的技术后，他们也可以在心情低落时用来帮助自己。

对某些人来说，他们或许不愿放弃悲观而变得乐观，因为很多人心目中的乐观者似乎是讨人厌的夸大者，是把责任推给别人、不为自己的过失负责的人。其实，无论是悲观者还是乐观者，都不必做没礼貌、没教养的人。在本章中你会看到，习得性乐观并不是教你自私、自大，让别人不能忍受，而是要教你在遇到失败和挫折时如何与自己对话。你要学习如何在受到打击时，从更具鼓励性的角度来考虑挫折或困境。

还有另一个理由可能会让你不想去学习乐观的技巧。在第 6 章中，我们谈到了乐观和悲观的好处和坏处，虽然我们列举了乐观的许多好处，但是悲观也有一个好处——它让你对现实有更准确的感知。那么，学习乐观会不会牺牲掉这个好处呢？

我们并不是叫你盲目、无条件地将乐观应用到所有情境，而是给你一个有弹性的乐观，以增强你对不利环境的控制力。本章为你提供了一个看待不幸事件的选择，而且这个选择并不要求你变成盲目乐观的奴隶。

## 什么时候该乐观

你在第 3 章的测验分数决定了你要不要学习这些技术。假如你的 G-B 分数(即总分)小于 8.0 分，那么以下三章对你会有用。如果你的分数在 8.0 分以上，那么你应该问自己下面的问题，如果有任何一个问题的答案是肯定的，那你也会从这些章节中获益很多。

- 我是否很容易气馁？
- 我是否比我希望的更抑郁？
- 我是否比我预想的更常失败？

在什么情况下，你应该使用这些章节中教你的技术呢？首先，问自己想做到什么：

- 假如你想成功，如升职、推销产品、完成一份困难的报告、赢一场球赛等，那应该用乐观技术；
- 假如你想摆脱抑郁、提高士气等，那应该用乐观技术；
- 假如事情毫无进展，而你的健康已有问题，那应该用乐观技术；
- 假如你想领导、激励别人或想别人给你投票，那应该用乐观技术。

但是从另一方面看，有时不应该使用乐观技术：

- 假如你要为一件有危险且不确定的事制定计划，那不要用乐观技术；
- 假如你要为一个前途黯淡的人出谋划策，那不要用乐观技术；
- 假如你想对陷入困境的人表示同情，那一开始不要用乐观技术，在信赖与共情建立起来后，再用乐观技术。

**使用乐观技术的基本原则，就是先问在某一个特定情况下失败的代价是什么。**如果失败的代价很高，那么就不应该乐观。在飞机驾驶舱里的驾驶员决定要不要再除一次冰时，在酒会中喝了酒的人决定要不要开车时，或是一个婚姻不如意的人决定要不要搞外遇时，都不应该使用乐观技术。因为这时失败的代价是死亡、车祸和离婚。反过来说，如果失败的代价很低，你就应该采用乐观的态度。推销员在决定是否再打一次电话时，失败的代价只是损失他的时间；一个害羞的人决定要不要上前与人攀谈时，失败的代价只是被拒绝有些难堪而已，在这些情况下都应该用乐观技术。

本章将教给你在日常生活中将悲观转变为乐观的基本原则。它不像其他励志方法，它经过了谨慎严密的研究，几千个人已经用过它，并永远地改变了自己的解释风格。

## 让自己乐观的 ABC

凯蒂已经节食两个星期了。今天下班后，她和同事出去喝酒，吃了点炸土豆片和鸡翅，吃了以后，她立刻感到自己破坏了节食计划，前功尽弃了。她对自己说："凯蒂，你为节食所做的努力都白费了。你真是意志薄弱得不可思议，只要和朋友去酒吧就会受不了诱惑而大吃大喝。他们一定认为你是个笨蛋，唉！既然过去的节食计划都毁了，你干脆把冰箱中的蛋糕拿出来痛快地大吃一顿算了。"于是，她打开一盒巧克力蛋糕，把它吃得精光。她的节食计划真的前功尽弃了。

其实吃一点炸土豆片和鸡翅与后来的大吃并没有必然的联系，真正把这两件事联系起来的是凯蒂对自己为什么吃炸土豆片的解释。她的解释风格非常悲观——"意志薄弱得不可思议"，她的结论也很悲观——"为节食所做的努力都白费了"。事实上，她的节食计划并没有前功尽弃，但是她的永久性、普遍性及人格化的解释使她放弃了。

如果凯蒂可以反驳自己总是会自动产生的解释，这件事可能会有一个完全不同的结局。她可以对自己说："等一下，凯蒂，我在酒吧并没有大吃大喝，我喝了两杯淡啤酒，吃了两个鸡翅和一些土豆片，但我没吃晚餐，所以平均起来，我可能只比食谱允许的热量多吃了一点。只有一个晚上多吃一点并不表示我意志薄弱，想想看，我坚持了两个星期，这证明我很坚强。此外，没有人会注意计算我吃了什么，事实上，好几个人都说我看起来瘦了。最重要的是，即使吃了不应该吃的东西，我也不应该继续破坏节食计划，这样做是没有意义的。最好的方式是不再去想这次犯的错，继续努力节食。”

这就是所谓的 ABC 模式。在这三章中，我引用了心理学家艾利斯所开发的 ABC 模式：当碰到不好的事件（adversity）时，我们最自然的反应就是不断想它，这些思绪很快凝聚成想法（belief），这些想法会变成习惯，我们不会意识到这些想法。这些想法并不是待在那儿不动的，它们会引起后果（consequence），我们的所作所为就是这些想法直接的后果。它们是我们放弃、颓丧或振作、再尝试的关键。

本书前面讲到某些想法会引发放弃。现在，我要教你如何去中断这个恶性循环：第一步是认出这个不好的事件、想法和后果之间的关系；第二步是看这个 ABC 模式如何在你每天的生活中运作。现在请你先辨认一些生活中的 ABC 模式，了解它是怎样运作的。我给你提供不好的事，再给你提供想法或后果，由你自己填补上空白。

1. A 有个人抢先停进了你正要停的车位。

   B 你想＿＿＿＿＿＿＿＿＿＿＿＿＿。

   C 你很生气，摇下车窗，对那个人破口大骂。

2. A 孩子没有做作业，你大声责骂他。

   B 你想“我是个很差劲的母亲”。

   C 你觉得（或你做了）＿＿＿＿＿＿＿＿＿＿＿＿＿。

3. A 你最好的朋友没有回你的电话。

   B 你想＿＿＿＿＿＿＿＿＿＿＿＿＿。

C 你一整天都心情低落。

4. A 你最好的朋友没有回你的电话。

B 你想________________________。

C 你没有因此而不快，继续过你的日子。

5. A 你跟你的配偶吵架了。

B 你想“我总是做得不对”。

C 你觉得（或你做了）________________________。

6. A 你跟你的配偶吵架了。

B 你想“他今天脾气真坏”。

C 你觉得（或你做了）________________________。

7. A 你跟你的配偶吵架了。

B 你想“我一向可以化解误会”。

C 你觉得（或你做了）________________________。

现在来看一下这 7 个情境，看看这些元素是如何相互影响的。

在第 1 个例子中，受侵犯的思想使你愤怒：“那个家伙抢了我的位子。”“这真是自私又粗鲁的行为。”

在第 2 个例子中，当你把对孩子的态度解释成“我是个很差劲的母亲”时，你会觉得悲伤，不想再去叫他们做作业。当我们把一件不好的事解释成永久性的、普遍性的和人格化的，颓丧和放弃就紧跟而来了。

在第 3 和第 4 个例子中，你最好的朋友不回电话时，如果你像第 3 个例子那样有永久性和普遍性的想法（例如我总是有些自私，不替别人着想），那你就会抑郁；但假如你像第 4 个例子中那样，想“她这两天加班”或“她最近心情不好”，你的解释风格就是暂时性、特定性以及外在化的，你就不会心情不好。

在第 5、6 和第 7 个例子中，当你和配偶吵架时又是怎样的情形呢？假如你像第 5 个例子中那样，觉得“我总是做得不对”（永久性、普遍性及人格化），那你就会抑郁，而不会想办法去弥补裂痕。假如你像第 6 个例子中那样，想“他今天脾气真坏”，你就会觉得有些愤怒，有些颓丧，但这只是暂时性的，当这种情绪过去后，你可能会去做一些弥补的工作。假如你像第 7 个例子中那样，想“我一向可以化解误会”，那你可能马上就会去补救，很快你就会觉得心情愉快，充满了活力。

要找出这些在日常生活中运作的 ABC 模式，最好的方法是写日记，把每天发生的事记录下来。这个日记不必很长，只要花一两天，记录 5 个 ABC 模式的案例就可以了。要做到这点，**就要去注意你平常没有注意的、对自己说的话。**你注意一下一些小事情以及它们引起的情绪，例如你在电话里跟朋友聊天，她好像等不及要挂掉（一种不愉快的小经验），你发现自己后来心情很不好（引起的情绪结果），这种小事就是你要记录的 ABC 事件。

你的记录要分三个部分。第一个部分“不好的事”，可以是任何事情，比如水管漏了、朋友皱眉头、孩子一直哭、有大额账单、配偶对你的忽视等。尽量客观地记录下实际情况，而不是你对这个情况的评估。所以假如跟配偶吵架了，你应该写下他对你说的或做的令你感到不快的细节，而不是记录“他不公平”，因为这是一个推论，你可以把它记录在第二部分“想法”中，但是不应该记录为“不好的事”。你的“想法”是你对不好的事的解释。请注意要把你的想法跟你的感觉分开（感觉属于第三部分“后果”）。“我觉得我的节食计划都被毁了”以及“我觉得自己很无能”是想法，我们可以评估这些想法是否正确。“我觉得很悲伤”是一种感觉。

“后果”这个部分要记录你的感觉和行为。大多数时候你的感觉会不止一种，写下你所有的感觉以及你的所作所为。“我觉得很疲倦，没有力气”“我要让他向我道歉”“我又回去睡觉了”等都是行为。

在你正式开始之前，下面有些例子可以帮助你分类。

**不好的事：**我老公本来应该帮孩子洗澡，带他们睡觉，但是我开完会回家却发现他们都在看电视。

**想法：**他为什么连这么一点小事都做不好？难道给孩子洗澡、带他们上床睡觉这么难吗？现在我要让他们立刻关掉电视去睡觉。

**后果：**我对他非常生气，所以一回家就立刻对他大叫，没给他解释的机会。我连招呼都没打就直接走到电视机前面把它关掉，我看起来像个悍妇。

**不好的事：**我提前下班回来发现我的孩子和他的朋友躲在车库里抽烟。

**想法：**他在干什么？我真想掐死他！我一点都不能相信他。他一开口就是谎话，一个接一个，我这次不要听他的解释了。

**后果：**我非常非常愤怒，甚至拒绝讨论这件事。我骂他，整晚都在生气。

**不好的事：**我打电话给一个我喜欢的男士，约他看电影，他说最近不行，因为他要准备开会用的文件，让我下次再约他。

**想法：**鬼才相信他的话，全是借口，他只是不想伤我的心，他根本就不想跟我一起出去。我真是活该！我以为他对我有意思，我以后再也不想邀请任何人出去了。

**后果：**我觉得很难堪，觉得自己很笨、很丑，我决定把票送给别人。

**不好的事：**我决定参加一个健身俱乐部，但当我走进去时，我看到的全是健美的身材。

**想法：**我来这儿干吗呀！真是丢人现眼，我应该趁别人还没注意到我时赶快离开。

**后果：**我觉得非常不自在，进去不到15分钟就出来了。

现在轮到你了，请记录明天和后天发生在你生活中的5件ABC模式的事。

不好的事：________________________________

______________________________________

想法：___________________________________

______________________________________

后果：___________________________________

______________________________________

记录完后，请仔细再读一遍，找出你的想法和后果之间的关系。你会看到：悲观的解释风格会导致被动和颓丧，而乐观的解释风格会使你振奋。如果改变了平常习惯性的想法，你对不好的事的反应就会改变，下面就教你如何去改变。

## 如何改变悲观风格：转移注意力和反驳

有两种方法可以改变悲观的解释风格。第一种方法是转移注意力，去想些别的事；第二种方法是反驳它。从长远来看，反驳更有效，因为有效的反驳能阻止以前那些想法再次出现。这样，当遇到同样的情境时，你就不会再抑郁了。

人类对吸引自己注意力的事情会一再去思索，无论这件事是好是坏。这在进化上是有意义的，因为如果不能认清危险并立刻思考应对的方法，我们就活不到现在。习惯性的悲观想法不过是把这个有用的方法往前推进了一步：它不仅吸引了你的注意力，还萦绕在你心头，让你久久不能忘怀。在现代，这些提醒我们小心的原始机制会阻碍我们的发展，降低我们的成就，降低我们的生活质量。

现在来看一下转移注意力和反驳的不同。

## 转移注意力

现在请你想象面前有一个苹果派，旁边配着香草冰激凌。一冷一热两种美味相得益彰，让人垂涎。你可能发现自己无法一开始就不去想这个派，但是你绝对有能力转移注意力。再想一次那个苹果派，想到了吗？流口水了吗？现在站起来，用手使劲击打墙壁并大声说："停止！"那个派的影像消失了，对吗？

这是停止思维的一个简单而有效的方法，许多人都用类似的方法停止或中断习惯性的思维。有人大声摇铃；有人随身带一张卡片，上面用红笔写着大写的"STOP"；有人在手腕上戴一条橡皮筋，当开始悲观地胡思乱想时就用橡皮筋弹自己。

如果你将这种方式与转移注意力的方法结合起来，那么效果会很好且很持久。当你用橡皮筋或其他方法中断你的消极想法后，为了防止这个想法再回来，你要把注意力转移到别的地方去。演员在需要转换情绪时也会用这种方法。试试下面这个方法：拿起一个小物件，仔细研究它几秒钟，把玩它，尝一尝、闻一闻，用手指弹它，听听它的声音，你会发现这种方式能加快你注意力的转移。

你可以利用消极想法的本质来对付反刍。消极想法就是要萦绕在你心头，使你不能忘怀，让你照它的意思去做。当不好的事发生时，安排一个时间去想它。比如说，当一个念头一直在你心中翻来覆去时，你可以对自己说："停住，我不要现在想它，我要等到今晚六点再想。"

还有就是当消极想法一出现，就立刻把它写下来。写本身就是一种发泄，“写”加上“以后再去想”会很有效。消极想法利用反复思虑的特性提醒你它们的存在。如果你把它们写下来，以后再去想它们，它们就无法一直萦绕在你的心中，也就没有什么威力了。

## 反驳

躲避令自己不安的想法是很好的应急方法，但长远、根本之计是去反驳它们。只有有效地反驳了不合理的想法，你才能改变自己的习惯性思维，不再颓丧。

**不好的事：**我最近每晚都去上课，想拿一个硕士学位。当看到试卷时，我发现自己的成绩不理想。

**想法：**朱蒂，你考得真烂，绝对是全班最差的。我真是笨死了。我应该面对事实，承认自己不够聪明。我年纪太大了，不能跟那些年轻人拼，即使拿到学位，谁会放着 20 来岁的年轻人不用，而去雇用一个 40 岁的女人？我在注册时一定是发疯了吧？我怎么会想到重回学校念书？这对我来说实在太晚了。

**后果：**我感到非常颓丧和无助。对自己不自量力想去念硕士的想法感到难堪、丢脸，我决定退学，安于现在的工作。

**反驳：**我太小题大做了。我希望全拿 A，结果拿了一个 B、一个 B+ 和一个 B−，这并不是太差。我可能不是班上考得最好的，但也不是考得最差的。我去查了别人的成绩，坐在我旁边的家伙拿了两个 C、一个 D+。我没有达到理想的标准并不是因为我的年纪，虽然我 40 岁了，但这不会使我比其他人笨。我考得不好是因为我有太多事要做，没时间看书。我要上班，又要照顾家，在这种情况下，拿到这个成绩算不错了。我现在知道了我要花多少时间复习才能拿到好成绩，下次我会更努力。我先不要去想谁会雇用我，毕竟，从这个学校毕业的人都找到了理想的工作。我现在要想的是好好学习，赶快毕业。

**激发：**我对自己和成绩都很满意。我会继续念下去，我不会让年龄成为绊脚石，我知道年龄对我不利，但是船到桥头自然直，到时候再烦恼也不迟。

朱蒂成功地反驳了不合理的想法，所以她从绝望变成了充满希望，她的行为从要退学变成了努力向前。朱蒂所用的方法就是下面你要学到的。

## 保持距离

有一点很重要，就是你要知道你的想法只是想法，它可能是事实，也可能不是事实。如果一个不怀好意的人对你尖叫“你是个差劲的妈妈，你自私、愚蠢，不替别人着想”，你会如何反应？你可能根本不会理他，更不会去想他指责你的话。你也可能反驳它：“我的孩子很爱我。我在他们身上花了无数的时间和精力，我教他们数学、踢足球以及如何适应这个复杂的社会。她只是嫉妒我，因为她的孩子都不成材。”

我们一般都会和别人的这些无理指责保持一定的距离，但是要与自己的指责保持距离就很困难，因为我们会认为，如果这些指责来自我们的内心，那么它们一定是真的。

大错特错！我们在遭受挫折时对自己说的话可能和不怀好意的人说的一样毫无根据。我们的自我解释常常是扭曲的，它们是我们童年不愉快的经验，如童年的冲突、很严厉的父母、苛刻的棒球教练、姐姐的嫉妒等造成的不合理的思维习惯。就因为它们来自我们自己，所以我们就认为它们一定是对的。

它们不过是些想法、念头而已。你相信某个想法并不代表这个想法是正确的。所以很重要的一点是退后一步，让自己与自己悲观的解释保持距离，给自己一点时间来验证自己的想法是否正确。反驳最大的作用就是检查自己的反射性想法是否正确。

第一步是认识到自己的想法是可以反驳的，第二步就是去反驳它们。

## 学习与自己争辩

幸运的是，你已经有了很多反驳的经验，你每次跟人争辩时都会用到反驳。下面是四个重要途径，它们可以使你的反驳更令人信服：（1）证据；（2）其他可能性；（3）暗示；（4）用处。

### 证据

反驳消极想法最有效的方法就是去举证，证明这些想法是不正确、不符合实际的。大多数时候，事实站在你这边，因为对一件不好的事情的悲观反应往往是过度反应。所以你要以一个侦探的姿态问自己："这种想法的证据在哪儿？"

朱蒂就是这样做的。她认为自己的成绩是全班最差的，她就去求证，结果发现坐在自己旁边的人考得比自己还差。凯蒂认为自己的节食努力前功尽弃了，其实她可以计算一下炸土豆片、鸡翅和啤酒的热量，然后就会发现这些加起来只比晚餐的热量多一点，而既然她没吃晚餐，就两两相抵了，其实没多大关系。

将这种方法与所谓的积极思维相区分是很重要的。积极思维通常意味着尝试去相信乐观的话，例如"每天，在每个方面，我都越来越好"。这些话没有根据，有时还跟事实相反。大多数受过教育、有批判性思维的人都无法相信这种毫无依据的胡说八道。相反，习得性乐观是实事求是的。

我们发现只是对自己重复这些积极的话并不能改善心情或增加成就感。通常遭受挫折后的消极想法是不合理的，大多数人会选择最坏的可能性，把一点小事看成大灾难。最有效的反驳技术就是去搜寻证据来证明你扭曲了事实，通常你都能轻易找到，因为真相就在你身边。习得性乐观之所以有效，不是因为那些不合理的积极想法，而是因为非消极思维的力量。

## 其他可能性

通常一件事情的发生不会只有一个原因，而是由多个原因引起的。如果你考试没考好，下面几项都可能是你没考好的原因之一：试题的难度、你用于复习的时间、你的聪明程度、老师的公平程度、考试那天的身心状态等。悲观者每次都能找出最永久、最普遍、最人格化的原因。

既然有很多原因，为什么偏要挑杀伤力最强的原因呢？你应该问自己“可不可以用其他的方式来看这件事”。朱蒂是一位很有经验的反驳者，很容易就找到了“我要上班，又要照顾家”的原因。在变成自我的反驳者后，凯蒂就可以从“软弱”变成“坚强”。

要反驳自己的想法，先要搜寻一下所有可能的原因，把重点放在可以改变的、特定的、非人格化的原因上。记住，悲观思维通常去找最糟、最有杀伤力的理由并不是因为有证据支持，而是因为这个理由最阴暗、最恐怖、最让你绝望。你的任务就是打破这种杀伤力很强的思维习惯，训练自己去找寻各种可能的原因。

## 暗示

有时候，你所持的消极想法是对的。在这种情况下，就应该使用非灾难法（decatastrophizing）。你要对自己说，即使我的想法是对的，但这个想法暗示着什么。朱蒂的确比班上其他人年纪大，但是那又怎样？这并不表示朱蒂不如年轻人聪明，也不表示没有人愿意雇用她。凯蒂打破了她的节食戒律，但这不表示她就是贪吃，也不表示她很软弱，更不表示她应该就此破戒，大吃大喝。

你应该问自己，我的消极想法会产生多坏的影响？考试没有拿 A 就表示没有人会雇用朱蒂了吗？两个鸡翅、一些炸土豆片就表示凯蒂贪吃吗？一旦你问自己“我的想法会带来多坏的结果”，你就应重复求证的过程。凯蒂记得她曾经严格遵守节食规定两个星期，所以她根本不是贪吃。朱蒂记起很多拿到这个学校硕士学位的人都找到了理想的工作，所以她也不用担心。

### 用处

有的时候，这些想法的后果比这些想法是否真实更重要。这些想法是否有破坏性？凯蒂相信自己贪吃，这个想法破坏了她的节食计划。

有些人因为感到世界不公平而非常痛苦。坚持这个想法可能会引起更多的痛苦。它对你有什么好处呢？有的时候，不要去管你的想法是否正确，直接反驳它，甚至干脆不理它，继续过日子。例如，一位爆破专家在拆炸弹时可能会对自己说：“假如现在炸弹爆炸，我就没命了！”这样一想，他的手就会开始发抖。在这种情况下，我建议采用转移注意力的方法，而不是反驳。当你必须做一件事时，不要问自己“这个想法对吗”，而是问“现在想这个对我有用吗”。如果答案是否定的，请选用转移注意的方法。

另外一个方法是详细列出可以改变这种情境的方法。如果这个想法是真的，那么这个情境可以改变吗？如何来改变它？

## ABCDE：反驳记录，大声说出你的想法

现在请练习 ABCDE 模式。你已经知道了 ABC 各代表什么，D 是反驳

（disputation），E 是激发（energization）。

下面在你记录的 5 件不好的事中，找出你的消极想法，观察这些想法带来的后果，再猛烈地攻击这些想法，然后体会自己成功应对悲观想法后所获得的激发，把这些都记下来。这 5 件不好的事可以是微不足道的小事，比如邮差来晚了，别人没回你的电话等。请在每一个事件中采用四种有效的自我反驳途径应对。在你开始前，请先阅读以下的例子。

**不好的事：** 我向朋友借了一副昂贵的耳环去约会，结果丢了一只。

**想法：** 我真是个不负责任的人，这是凯最心爱的耳环，我偏偏搞丢了一只，她一定会很生气，可能以后都不会理我了。

**后果：** 我感到非常难过、羞耻和难堪，我不敢打电话告诉她这件事。我只是坐在那里骂自己笨，想办法鼓起勇气打电话。

**反驳：** 唉！真是很倒霉，我弄丢了凯最心爱的耳环（找证据），她可能会非常失望（暗示）。不过，她会理解这是一个意外（其他可能性），我不认为她会因此而恨我（暗示），就因为弄丢了一只耳环而说自己是个不负责任的人是不公平的（暗示）。

**激发：** 我还是觉得很难过，因为弄丢了别人的耳环。但是，我不像以前那样觉得见不得人或很羞耻。我想她不会因此而与我绝交，所以我可以放松一下心情，再打电话跟她解释。

下面是你之前看过的例子。

**不好的事：** 我提前下班回来发现我的孩子和他的朋友躲在车库里抽烟。

**想法：** 他在干什么？我真想掐死他！我一点都不能相信他。他一开口就是谎话，一个接一个，我这次不要听他的解释。

**后果：** 我非常非常愤怒，甚至拒绝讨论这件事。我骂他，整晚都在生气。

下面是一个反驳高手会对自己说的话。

**反驳：**毫无疑问，约瑟在抽烟这件事上说了谎，但这并不表示他完全不负责任，完全不可信赖（暗示）。他从来没逃过学，或深夜不归也不先打电话来说一声，他还帮我做家务（证据）。今天这件事的确很严重，但是怀疑他说的每一句话都是谎话于事无补（用处）。过去我们的沟通还算可以，我想如果我现在冷静下来，可能对事情会有帮助（用处）。如果我不跟他讨论这件事，问题依然得不到解决（用处）。

**激发：**我终于可以平静下来处理这个问题了。我先道歉，因为我骂了他。我告诉他我们需要谈一谈。我们的谈话有时的确很火爆，但至少我们在沟通。

再来看看下一个例子。

**不好的事：**我辛辛苦苦做菜，请一群朋友来吃晚餐，但我发现有个重要的客人几乎没吃菜。

**想法：**菜很难吃，我根本不会做菜。我本来想借此机会让她对我产生好印象，现在全泡汤了。她没有吃到一半就离席已经算是给我面子了。

**后果：**我觉得非常失望，而且恨自己。我觉得很丢脸，这让我一个晚上都在躲避她。显然，事情并没有如我预期的那样进行。

**反驳：**这真是胡说！我知道晚饭没那么难吃（证据）。她可能没吃什么，但别人吃了很多（证据），她不爱吃我做的菜可能有100种理由（其他可能性）。她可能在节食，可能身体有点不舒服，也可能是胃口很小（其他可能性）。即使她没吃什么，但她看起来很愉快（证据）。她还说了一些笑话，看起来很开心（证据）。她甚至说要帮我洗碗（证据）。如果她真的很厌恶我的话，她就不会这么说了（其他可能性）。

**激发：**我没有像刚才那样生气或难堪了，我知道如果我躲避她，我就真的会失去一个认识她的机会。我可以放松自己，不要让我的胡思乱想破坏我的晚宴。

现在你来试试看，记录下生活中 5 件不好的事情。你不需要特意去找不好的事，只需当它们来临时，注意聆听你对自己说的话。当你听到消极想法时，反驳它，把它踩扁，不让它再露头。然后记录下 ABCDE。

不好的事：____________________________________________

__________________________________________________

想法：______________________________________________

__________________________________________________

后果：______________________________________________

__________________________________________________

反驳：______________________________________________

__________________________________________________

激发：______________________________________________

__________________________________________________

你不需要等到不好的事发生后再去练习反驳，你可以请一位朋友大声说出对你的消极想法，然后反驳他的指责。这种练习叫作声音的外化（externalization of voices）。要做这个练习，首先要选一位朋友（配偶也行），留出 20 分钟的时间。你朋友的任务是批评你，所以你对朋友的选择必须很认真，选一个你可以信赖且不会因他的批评而感到不舒服的朋友。

告诉你的朋友在这种情况下他可以批评你，你不会在意。把你所记录的ABC给他看，帮他选择最适合你的批评，告诉他哪一类的消极想法一直出现在你的脑海中，影响你的心情和决策。当你和朋友了解了全部情况后，你会发现你不仅不会在意朋友对你的批评，还会因为这个练习而增进你们的友情。

你的任务是大声地反驳批评，尽力去找所有可以支持你的证据，列出所有其他可能的原因，弱化灾难，强调事情没有你朋友说的那么糟。如果你认为对你的批评是成立的，那么详细列出可以改变这种情境的方法。你的朋友可以反驳你的反驳，你再反驳他。

在你们开始前，请先读一下下面的例子。每一个例子中，朋友都非常严厉地指责你（你的朋友一定要对你严厉才行，因为在你自己的解释风格中，你对自己就很严厉）。

**情境：**当卡萝给她15岁的女儿收拾房间时，她发现一包避孕药藏在衣服下面。

**指责（朋友）：**你怎么可以让这种事情在你眼皮底下发生而不知道呢？她才15岁，你在她这个年纪时连男朋友都没有。你怎么可以连女儿在搞什么都不知道？你跟女儿之间的沟通一定很差，因为你竟然不知道她已经有性生活了。你真是个差劲的母亲！

**反驳：**将苏珊跟年轻时的我比较是于事无补的（用处），时代不一样了。这年头的小孩什么都敢做（其他可能性），我的确不知道苏珊已经跟人上过床了（证据），但这并不表示我们母女之间的关系很糟（暗示），至少她听进去了我跟她讲的有关避孕的话，不然她不会有避孕药（证据）。这还算是一个好迹象。

**朋友打断你：**你全心地搞你的事业、忙你的生活，你根本不知道你女儿心里在想什么，你真是一个糟糕的母亲。

**反驳：**我最近工作的确很忙，或许我没有像以前那样与她谈心（其他可能性），但我可以改变这种情况（用处）。与其暴跳如雷或责怪自己，还不如利用这个机会来与她谈避孕或有关性的事情，重新开始我们母女的谈心（用处）。刚开始时可能不容易，我想她会抗拒，但我会让她明白我的用心。

**情境：**道格和女朋友芭芭拉一起去朋友家赴晚宴，席间芭芭拉跟一个他不曾见过的叫尼克的人聊了很长时间的天。在返回的车上，道格忍不住酸溜溜地说："你跟那个家伙似乎很投缘，我很久没见你这么兴奋了，我希望你记下了他的电话号码，这么难得的友情不继续下去不是太可惜了吗？"芭芭拉对道格的反应很吃惊，笑着说他不必这么小心眼，尼克不过是她的同事而已。

**指责（朋友）：**芭芭拉花那么多时间与别人谈笑对你真是不公平，那些人都是她的朋友，而你在这群人中显得很孤独，她应该多花点时间陪你。

**反驳：**我想我是反应过度了，她并没有整个晚上都在与尼克聊天，我们的宴会进行了 4 个小时，她大约与尼克聊了 45 分钟（证据）。我不认识宴会中的其他客人并不表示芭芭拉就要一直守在我身边（其他可能性）。头一个小时她介绍我与她的朋友认识，她是在晚饭后才与尼克单独聊天的（证据）。我想她对我跟她之间的关系很放心，觉得她不需要一直黏着我（其他可能性），她知道我会主动找别人交谈，认识新朋友（证据）。

**朋友打断：**如果真的对你有意，她就不该去勾引别人。显然你对她比她对你好，既然她对你这么无情，你们不如趁早分手。

**反驳：**我知道芭芭拉爱我（证据），我们交往很多年了。她从来没有提出过分手或另外与别人交往过（证据）。她是对的，很可能是因为我遇到这么多陌生人而有些紧张（其他可能性）。我应该向她道歉，不应该说话那么尖酸刻薄，我会向她解释为什么我会有这样的反应（用处）。

**情境**：安卓的妻子萝瑞曾经是个酗酒者，虽然这3年来她没再喝过，但最近她又开始喝了。安卓试了所有的方法想阻止她，但都没有效果。他试着跟她说理，威胁她、恳求她，但都没用。每天下班回家，安卓都发现萝瑞烂醉如泥。

**指责（朋友）**：这真是太糟糕了，你应该有办法让萝瑞停止。你应该知道萝瑞心里一定有什么痛苦，所以才借酒消愁，你怎么可能茫然不知呢？你为什么不让她认识到她在祸害自己？

**反驳**：我当然想让萝瑞停止喝酒，但这不实际（证据）。上一次我与她谈时，我发现我完全无能为力（证据），除非她自己下决心不喝酒，不然我一点办法都没有。我无法使她面对她不想面对的东西（其他可能性），但这并不表示我在处理自己的感受上是无助的（暗示）。我可以去参加酗酒者家属支援会，这样我就不会掉入自我责怪的陷阱（用处）。

**朋友打断**：你以为你跟妻子的关系很好，但其实你欺骗了自己3年，你们的婚姻对她来说一定一文不值。

**反驳**：就算萝瑞又开始喝酒也不表示过去3年的婚姻不好（其他可能性）。我们之间的关系很好（证据），而且以后会更好。喝酒是她的问题（其他可能性），我一定要不断地告诉自己这是她个人的问题（用处），她喝酒并不是因为我做了什么或我没有做什么。我现在能为我们两人做的就是找一个人谈谈酗酒对我的影响以及我的担忧（用处），要熬过来非常不容易，但是我愿意试试。

**情境**：布兰达和她妹妹安德莉一向非常亲密，她们上同样的学校，交往的人也是同一类型的，最后在同一个小区买了房。安德莉的儿子上大一了，而布兰达的儿子乔依上高三。在高三开学时，乔依告诉他的父母，他不想上大学，他有其他的打算。当安德莉问布兰达为什么乔依不想上大学时，布兰达失去了控制，说："这不关你的事！并不是每个人都要像你儿子一样。"

**指责（朋友）：**你应该对这种完全没有隐私的生活感到厌倦！安德莉几乎知道你所有的事。她有自己的家庭，不应该天天来管你的事。

**反驳：**我想我反应过激了。安德莉只是问为什么乔依不去上大学（证据），这是顺理成章的问题（其他可能性）。如果反过来是她儿子决定不去上大学，我也会问同样的问题（证据）。

**朋友打断：**她认为自己比你高一等，因为她儿子念大学了而你的儿子没有。你不需要受她的气，可以让她少管闲事。

**反驳：**她并不是想羞辱我，她只是很关心乔依（其他可能性）。我想我是对乔依的决定感到太伤心了，所以不愿意别人问；同时还很羡慕安德莉的儿子（其他可能性）。其实，我很为安德莉和我的亲密关系感到骄傲。当然，有的时候我们也会相互比较、竞争，但就算拿世界上所有的财富来换我们之间的感情，我也不换（用处）。

好了，现在轮到你了。

## 练习，练习，再练习！

你现在应该会用习得性乐观的主要方法了！其实，不良的情绪和行为不一定直接跟不好的事有关，它们直接来自你对不好的事的看法。这表示如果你改变了对不好的事的心理反应，那么你就能更好地应对挫折。

进行改变的最主要的方式是反驳。从现在起，练习反驳头脑中会自动出现的解释。一旦发现自己心情不好时，你就问："我对自己说了些什么？"有的时候你的想法是对的，在这种情况下，应该努力思考可以如何改变这种情境，并且防止不好的事恶化成灾难。

通常情况下，你的消极想法是扭曲、不正确的，这时你要挑战它，不要让它控制了你的情绪和生活。习得性乐观不像节食，很容易坚持下去。一旦养成了反驳消极想法的习惯，你就会觉得快乐了很多。

### 塞利格曼的乐观课堂

Authentic Happiness

1. 要不要使用乐观技术的原则要看在某一个特定情况下失败的代价是什么。如果失败的代价很高，那么就不应该乐观；如果代价很小，那不妨乐观一点。
2. 改变悲观的解释风格的方法有两种：第一种是转移注意力；第二种方法是去反驳它。从长远来看，反驳更有效。

第 13 章

# 帮你的孩子远离悲观

教孩子乐观和教他们勤奋、努力一样重要，因为这对他们的未来有重大影响。

**身边的悲喜故事**

荷普14岁，她的姐姐梅格15岁。几个月前，她们的父母分居了。荷普和梅格多数时候跟妈妈住，星期天和星期二晚上跟爸爸住。每个星期天爸爸都会到妈妈家来接她们，荷普坐在汽车的前座上，梅格坐在汽车的后座上。

荷普把收音机打开，爸爸把音量调小。爸爸问："最近怎么样？"荷普含糊地说："还不错！"然后把音量调大。梅格不喜欢荷普说话的方式。爸爸终于忍不住了，把收音机啪的一声关掉。

荷普大声抱怨着："好了，又来啦！又是一个排满节目的快乐星期天！你以为你一个星期只要花一天跟我们吃一次晚饭就可以融入我们的生活吗？你凭什么问'最近怎么样'？你想让我怎么回答？日子当然过得不好。如果真的关心我们，你就应该多打几次电话给我们，而不是只在每个星期固定的日子才跟我们在一起。"

爸爸也很生气，他对荷普说："你究竟怎么回事？每次一上车就打开收音机，淹没我说话的声音。难道你不愿意见到我吗？"

爸爸叹了口气："我知道你们希望我和你们的妈妈住在一起，但你们必须接受这个事实，而且尽量适应它。梅格就适应得很好，为什么你不行？你每天都跟妈妈在一起，跟我在一起时就把我当作陌生人，你应该对我好一点。"

> 梅格伤心得一言不发，她心想：又来了，我们每次上车不到 5 分钟，爸爸和荷普就开始起冲突，我每次都想让他们和平相处，但每次都失败了。我怎么这么笨！

我们都很希望童年是快乐、无忧无虑的，是受到呵护的。但从前面几章来看，童年一样会受到悲观和抑郁症的侵犯。很多孩子体会着悲观的痛苦，悲观摧毁了他们的学业，破坏了他们的快乐。最糟的是，悲观成为孩子看世界的一种方法，儿童期的悲观是长大成人后的悲观的来源。

我们在前面看到，儿童的悲观是从母亲那里习得的，他们也从大人对他们的批评中学到了悲观的想法。如果可以学会悲观，那他们也可以改掉悲观。方法跟成人的一样：用比较健康乐观的方式来解释生命中的挫折。

ABC 技术不仅是详尽研究的结果，有成千上万的成人试过，而且针对儿童的研究也是足够多的。教孩子乐观和教他们勤奋、诚实一样重要，因为它对孩子未来的生活具有重大影响。你的孩子需要学习乐观的技术吗？你可以用以下三个准则来确定。

第一，你的孩子在第 7 章儿童归因风格问卷上的分数是多少？假如你女儿的分数低于 7.0 分，或者你儿子的分数低于 5.0 分，那他们得抑郁症的概率是乐观孩子的两倍。他们将从本章中获益良多。第二，你的孩子在第 8 章的抑郁测验中的分数是多少？假如他的分数是 10 分以上，那他可能用得着这些技术；假如他的分数是 16 分以上，我认为他一定要学习这些技术。第三，你跟配偶是不是经常吵架，或是想着分居或离婚？假如答案是肯定的，那你的孩子迫切地需要学习这些技术。此时，干预是极必要、极重要的。

你可以带着孩子一起来学。建议你先读一读上一章，熟悉教材内容会使你成为一位好老师。

## 教孩子乐观的 ABC

让孩子看到不好的事、想法和后果之间的关系是教他乐观的第一步。下面的练习就是要教他这其中的联结关系。这是专门为 8 ～ 14 岁的孩子设计的，太小的孩子做起来可能会有困难，但如果你很耐心，孩子又足够聪明的话，7 岁的孩子也可以做。超过 14 岁的青少年应该去做成人版的，他们会觉得儿童版的例子太幼稚了。

接下来就是如何开始。如果你读过前面一章，做过成人版的练习，那么你可以用半个小时先把 ABC 模式解释给孩子听，你要强调他的情绪并非无中生有。让他明白，当他突然感到悲哀、愤怒、害怕或窘迫时，一定是某个想法引起了这些情绪，如果他可以学会把这些想法找出来，那他就可以改变它们。

当孩子有了概念后，跟他一起看下面的例子。看完一个例子后，让他用他自己的话讲一遍给你听，要让他特别注意想法和后果之间的关系。在他用自己的话解释过后，请再回答一遍每个例子后面的问题。

**不好的事：**我的老师米勒先生在全班同学面前批评我，班里每个人都在笑。

**想法：**他恨我，现在班里每个人都认为我是笨蛋。

**后果：**我觉得非常难过，我真希望地上有条缝能让我钻进去。

问你的孩子：为什么这个男孩会觉得难过、伤心？为什么他想消失？如果他换种思路，比如说，他想的是“全班同学都知道米勒先生是位刻薄的老师”，后果会不一样吗？全班同学还会觉得这个孩子是个笨蛋吗？

想法是你情绪产生中最重要、最关键的一环；当想法改变了，情绪后果也将随之改变。

**不好的事：**我最好的朋友苏珊告诉我，乔妮是她最好的新朋友。从现在起，她要和乔妮一起吃午餐，不再跟我一起吃了。

**想法：**苏珊不再喜欢我了，因为我不够“酷”。乔妮很会讲笑话，而每次我讲笑话时，都没有人笑。乔妮有许多很酷的衣服，而我的衣服都很土。我敢打赌，如果我人缘更好、更讨人喜欢的话，苏珊就不会抛弃我了。现在再也没有人愿意跟我一起吃午餐了，每个人都会知道乔妮是苏珊新的好朋友了。

**后果：**我很害怕，不敢去吃午餐，因为我不想一个人吃午餐，这会被人耻笑的。所以我假装肚子疼，请老师送我去医务室。我觉得自己很丑，我想转学。

为什么这个女孩想转学？是因为苏珊要跟乔妮一起吃午餐，还是因为她认为没有人会愿意跟她一起吃午餐了？为什么她觉得自己很丑？她对自己服装的看法在这里起到了什么作用？假如这个女孩认为苏珊是个善变的、爱嘲笑人的同学，那后果会怎样？

**不好的事：**当我和我的朋友等校车时，有一群高年级学生走了过来，他们叫我“胖子”。

**想法：**我无法还击，因为他们是对的，我的确胖。现在所有的同学都会嘲笑我，没人愿意跟我坐在一起了。他们会捉弄我，叫我的外号，我没有别的办法，只能忍受。

**后果：**我觉得非常窘迫，难堪得要死。我想逃离我的朋友，但我不能，因为这是最后一班车，所以我只好把头低下来，决定坐在驾驶员旁边的位子上。

为什么这个男孩想逃离他的朋友？是因为他被叫作“胖子”，还是因为他认为从那时起他的朋友都不会再理他了？他可不可以有其他比较有建设性的想法，如“我的朋友很忠诚”或“我的朋友都认为高年级学生很讨厌”？

如果他这样想，后果会怎样？

如果你的孩子了解了 ABC 的概念，你就可以暂时告一段落。第二天，你要花半个小时来教你的孩子如何在他的生活中练习 ABC。

在第二天的学习开始时，先温习一下不好的事、想法、后果的联结关系。然后让你的孩子举一个他生活中的例子。如果他需要提示，你可以用你自己记录的 ABC 去提示他。然后告诉他，轮到他去找自己的 ABC 了。他下面几天的任务是每天放学以后举一个例子来跟你讨论。你要强调悲哀、愤怒、害怕、放弃这些情绪和行为都来自他的想法，告诉他这些想法并不一定正确，并不一定无法改变。当他找到 5 个例子后，你就可以开始下一个步骤——反驳。

**孩子的 ABC 记录**

不好的事：____________________

____________________

想法：____________________

____________________

后果：____________________

____________________

## 孩子的 ABCDE

孩子的反驳过程与成人一样。一旦孩子明白了 ABC 的联结，你就可以解释反驳和激发之间的联结了。预留 40 分钟来复习一下 ABC，你可以用孩子的 ABC 记录来复习。告诉孩子有这些想法并不表示它们一定是对的，他可以驳倒它们，就像反驳恨他、讨厌他的小孩对他说的话一样。

举一个他自己的例子，让他想象最坏的敌人对他说这些话时他会怎么反应。当他想出一个理由成功地反驳了指责后，让他再想一个，再想一个，直到他想不出来为止。现在跟他解释他可以反驳自己的话、自己的想法，就像反驳别人对他的指责一样，而且效果会更好。当他反驳了自己的消极想法后，他就不再相信它们，就会变得轻松和快乐。

现在需要举一些例子来让你的孩子明白该怎么做。

**不好的事：**我的老师米勒先生在全班同学面前批评我，班上每个人都在笑。

**想法：**他恨我，现在班里每个人都认为我是笨蛋。

**后果：**我觉得非常难过，我真希望地上有条缝能让我钻进去。

**反驳：**米勒先生批评我并不代表他恨我，米勒先生几乎批评过所有人，他还说我们班是他最喜欢的班。我想我上课是有一点不专心、偷懒，所以他会生气。除了他的模范学生琳达，全班几乎每个学生都至少被米勒先生批评过一次。所以我不认为同学们会认为我是个笨蛋。

**激发：**我还是对被老师批评这件事感到有点难过，但不像刚才那么严重，我不再想找条缝钻进去了。

重新读一遍想法，让他用自己的话来反驳。让你的孩子解释为什么他的反驳是有用的：为什么明白“米勒先生几乎批评过所有人”可以抵消掉“米勒先生恨我”？

**不好的事：**我最好的朋友苏珊告诉我，乔妮是她最好的新朋友。从现在起，她要和乔妮一起吃午餐，不再跟我一起吃了。

**想法：**苏珊不再喜欢我了，因为我不够“酷”。乔妮很会讲笑话，而每次我讲笑话时，都没有人笑。乔妮有许多很酷的衣服，而我的衣服都很土。我敢打赌，如果我人缘更好、更讨人喜欢的话，苏珊就不会抛弃我了。现在再也没有人愿意跟我一起吃午餐了，每个人都会知道乔妮是苏珊新的好朋友了。

**后果：**我很害怕，不敢去吃午餐，因为我不想一个人吃午餐，这会被人耻笑的。所以我假装肚子疼，请老师送我去医务室。我觉得自己很丑，我想转学。

**反驳：**苏珊是很好，但这并不是她第一次告诉我她有了新的最好的朋友。我记得不久前，她告诉我柯妮是她最好的朋友，而在这之前她还告诉我杰奎琳是她最好的朋友。我不认为这和我会不会讲笑话有任何关系，也不认为是我的衣服有问题，因为上次我跟苏珊去逛街时，我跟她买了一模一样的衣服。我想她只是喜欢换朋友。反正她也不是我唯一的朋友，我还可以跟其他朋友一起吃午餐。

**激发：**我不再操心跟谁一起吃午餐，也不再觉得自己很丑了。

请把想法和后果再大声念一遍，让你的孩子用自己的话来反驳，必要时可以提示他，让他解释为什么要这样反驳。例如为什么“苏珊每隔几个星期就换一个新的最好的朋友”可以作为对抗“苏珊不再喜欢我了”的证据？有什么证据可以反驳“我的衣服都很土”？

**不好的事：**今天上体育课的时候，瑞雷先生挑了两位同学做A、B两队的队长，然后叫我们一字排开，由这两位队长挑选他们的队员，我是倒数第三个被挑中的。

**想法：**克里斯和赛斯都恨我，他们不想我在他们的队里。现在全班同学都会认为我很笨。我真是个没有运动细胞的人，难怪从来没有人愿意跟我玩。

**后果：**我觉得自己很愚蠢，差一点就哭了出来。但我知道如果我哭了，别人更会嘲笑我。所以我自己一个人站着，祈祷球不要到我这边来。

**反驳：**我的确不是很擅长运动，但是说自己很烂只会让事情更糟。虽然我体育不在行，但我在其他方面还不错呀！每次老师说分组讨论时，大家都抢着要和我一组。上次我写的美国独立的作文就得了第一名。克里斯和赛斯也不见得真的恨我，他们只是想挑最会踢球的人罢了。人各有所长，有的人运动好，有的人成绩好，我的数学、语文和英语都很好，就是体育差一点。

**激发：**现在我感觉好多了。虽然我还是很希望自己样样都好，不愿意最后一个被挑到，但至少我知道自己在很多方面都很好，而且克里斯和赛斯并不恨我。

让你的孩子用自己的话来反驳，并用他的话列举出其他可以用来反驳“克里斯和赛斯恨我”的想法的证据。

**不好的事：**昨天是弟弟的生日，妈妈和继父给他买了很多玩具，还有一个大蛋糕，可他们连正眼都没看我一下。

**想法：**他们最宠爱弟弟，他要什么就有什么，他们根本就无视我的存在。我知道为什么他们比较喜欢他而不喜欢我：弟弟的成绩比我好，老师对他的评语是“极优”，对我的评语则是“还需提高”。

**后果：**我觉得很伤心、很孤独，我很害怕妈妈会不要我了。

**反驳：**因为今天是弟弟的生日，所以爸爸妈妈才会给弟弟礼物，我生日时他们也给我礼物。他们今天可能对他特别关心，但这并不表示他们不喜欢我。他们只是想让他觉得今天很特别，因为今天是他的生日。我真的很想让老师也能说我是极优的学生，但至少老师说过我在科学和团队合作上表现良好。无论如何，爸妈说过他们不会拿我和弟弟比，他们只让我们跟自己比，只要我们尽了力，他们就会很高兴。

**激发：**我不再害怕妈妈会不要我，我也不再为弟弟得到爸妈的关心而觉得难过。我知道当我过生日时，弟弟也会有同样的感觉。

在你的孩子熟悉了例题后，你就可以结束今天的谈话了。接下来的晚上再留 40 分钟与孩子交谈，一开始先复习反驳与激发之间的关系，要用他上次说得最好的例子。

下面就轮到他了，用他自己 ABC 的记录，让他反驳每一个消极的想法。用证据、其他可能性、暗示以及用处等方法来指导他。不一定要教会他这 4 个名称，只要会使用它们即可。然后给他留一些作业：在接下来的 5 天里，每天都要反驳生活中的消极想法。每天晚上，你都要跟他回顾这些反驳，并把它们写下来。在每天晚上结束谈话之前，你们可以一起估计他明天可能会遇到的各种不好的事，预先演练一下反驳技术。

**孩子的 ABCDE 记录**

不好的事：________________________________________

________________________________________

想法：________________________________________

________________________________________

后果：________________________________________

________________________________________

反驳：________________________________________

________________________________________

激发：________________________________________

________________________________________

## 孩子，请说出来

最后一个练习是将这些内在的反驳思维外化。我们比较容易接受公正的第三方对我们的批评，而对恶意中伤者的批评常不能心平气和地去检讨或反驳。在这一节里，我们要把孩子心中想的那些严厉的、破坏性的话让第三方说出来，他可以是你或你的配偶，也可以是一个布娃娃。

跟他一起看他所写的 ABC 记录，从中抽取出他最常批评自己的那些话。告诉他这种练习可以帮助他成为最佳的反驳者，摆脱自己的消极想法。要常常提醒他，你并不认为这些批评是对的，你只是用它们来教他学会反驳。这些批评是他对自己的看法，你只是帮助他把这些思维外化，不过要非常小心，不要让他以为这是你对他的看法。

如果你的孩子还很小，喜欢木偶戏的话，你可以跟他玩木偶戏，用木偶来说出你要说的话。

> 每个人都知道有的时候小孩会说出一些很残忍的话，当别的孩子说了你的坏话，对你很不公平时，你应该马上反驳，纠正他们的错误。我们还知道你有的时候也会对自己说些不公平的话，所以你必须要学习如何去反驳你对你自己说的这些话。好！现在我们来用木偶练习如何反驳你对自己说的不公平的话。木偶已经看过你写的 ABC 记录了，这是一个很凶、很霸道的木偶，所以你的任务就是去反驳它，让它知道它的批评是不对的、不公平的。

在正式开始之前，先大声读一遍这些例子，让孩子明白他可以反驳这些不对的想法，以及这些反驳为什么会有效。你可以通过木偶来表达这些批评。

> **情境：**凯恩是初一的学生，他每天要坐校车去一所私立学校上课。他是个好学生，很喜欢上学。他在学校里交了一些好朋友，每天放学以后，他们都轮流去同学家玩一会儿才各自回家。凯恩也很

想邀请同学去他家玩，但他对自己的家境及父母的职业感到很羞愧。一天，有位同学提议去凯恩家玩，凯恩感到很窘迫，告诉朋友说他们不能去，因为他爸爸是医生，在家里工作。说完后，凯恩感到很羞愧，因为他说了谎话；又感到很悲哀，因为他觉得他不得不说谎。于是他告诉同学，他今天不舒服，自己一个人先回家去了。

**指责（母亲说，但要用木偶来表达，尤其是很残酷的批评）：**你真是一个会撒谎的人。你爸爸是医生？真是天大的笑话。你永远也不能请你的伙伴来家里玩，他们迟早会发现的，纸是包不住火的。

**反驳：**我真希望我的家、我的父母能像瑞奇的一样，我实在不愿因为我的家或父母而感到羞耻，但我想这是没有办法的事，因为我无能为力。不过我家并不是唯一大伙儿没去过的家，我们大多数时候都去亨利家，因为他家离学校最近。

**母亲打断他（有时候母亲要用木偶来表达）：**他们迟早会发现你住在贫民区，你老爸是个酒鬼，你老妈是用人，当他们发现真相时就不会有人再做你的朋友了，你会成为全校的大笑柄。

**继续反驳：**假如他们发现我爸是个游手好闲的无业游民，我真的会觉得很难过，不过我想他们不会因此而不与我来往，我不认为他们跟我在一起是因为我是有钱人家的孩子。我想如果我发现史蒂芬的爸爸失业了，我只会替他难过，不会因此而不理他。我并不知道每个人的爸爸是做什么的或住在哪里，他们也很可能跟我一样，谁知道呢？算了，我想我暂时先不请任何人来家里玩，不过我一定要改掉说谎的毛病。

把指责再读一遍，让你的孩子用自己的话来反驳。你可以用更多的指责去打断他，让他不停地反驳这些新的指责。

**情境：**小琳的同学贝丝请她去家里过夜，妈妈送她去同学家后，小琳发现贝丝的爸妈不在家，而其他同学在商量着偷喝贝丝爸妈的烈酒。小琳觉得很不自在，就假装生病叫妈妈来接她回家了。

**指责（父母说，用木偶来表达）：** 如果不想喝，你可以明讲，不必假装生病。你用装病这种方法来逃避真是太没勇气了。

**反驳：** 谁说我没勇气？真正没勇气的做法是同流合污，跟他们一起喝。装病才是聪明的方法，既可逃开这个情境又不会伤和气，不会被人骂或被他们逼着一起喝。

**父母（或木偶）打断：** 你真是太幼稚了，贝丝第一次请你去家玩，而你却扫了大家的兴。

**继续反驳：** 我并没有扫大家的兴。假如我留下来，我肯定不会高兴，因为我担心贝丝的爸妈回来会发现我们偷喝酒。算了，我想贝丝没有我想象中的那么完美。

现在请把指责再读一遍，让你的孩子用自己的话来反驳。必要时可以打断他，看他能否再添加一些更有说服力的反驳。

**情境：** 安妮达很想养一只小狗，几经恳求，她父母终于答应买一只给她。但几个星期后，安妮达就对小狗失去了兴趣，常常忘记喂它或带它出去遛。最后，安妮达的父母说如果安妮达还是这样不负责任的话，他们就要把小狗拿去送人。安妮达尖叫着说，你们好坏，你们一开始就不愿意我养狗，你们只是找了一个借口把它送走，你们根本就不想让我养狗。

**指责（父母）：** 你的父母是全世界最恶劣、最差劲的父母！

**反驳：** 我的父母不是全世界最差的，他们还算可以。虽然他们不想给我买小狗，但最终还是买了。而且我过生日时，爸爸带我去纽约玩了一天，他真的挺好的。

**父母打断（用木偶来表达）：** 它是你的狗，他们买给你，现在又要把它送掉，他们根本就不想让你有好日子过！

**继续反驳：**是我没有做到我答应的事情，所以他们才会生气，说要送走小狗。我没想到养一只狗会有这么多事情要做。或许我忙不过来的时候，爸妈会愿意帮点忙，我想我应该和爸妈谈一下。

把指责再读一遍，让你的孩子用自己的话来反驳。现在，用木偶把孩子在 ABC 记录中批评自己的话说一遍，让他去反驳木偶的话。做完之后，夸奖他。然后让你的孩子反复练习反驳自己的消极想法。

反驳自己的消极想法是每个孩子都可以学会的技术。就像学习任何一项技术一样，一开始用时都会觉得怪怪的。你还记得刚学打网球时，反手球打得多不自然吗？反驳自己的想法就像它一样，打反手球在经过练习后会变得很自然，反驳自己的想法也是一样。越早学会这种技术，你的孩子就能越早避免不必要的烦恼和忧愁。

## 塞利格曼的乐观课堂

Authentic Happiness

1. ABCDE 模式同样适用于孩子，教孩子乐观非常重要，因为它对孩子未来的生活具有重大影响。
2. 如果很早就学会乐观的技术，它就会变成基本的人格特质，你会自然而然地采用它，它会带给你丰厚的回报。

# 第 14 章
# 组织需要怎样的乐观

成功可以让人乐观，
反过来，乐观也可以让人成功。

身边的悲喜故事

史蒂芬是一位保险业务员，每天晚上5点半到9点半之间，他必须给那些他不认识的人打电话推销保险。他最恨这个工作。他从芝加哥地区最近出生的婴儿名单中获知他们父母的名字，然后打电话给他们。他的晚上通常是这样度过的：

第1个人在听他说话15秒后就把电话挂掉了。第2个人告诉他，她已经买了所有能买的保险。第3个人很寂寞，他在电话中跟史蒂芬聊昨晚的球赛，在聊了30分钟后，史蒂芬发现这个人在领社会救济金，根本不想买任何保险。第4个人在挂断电话时跟史蒂芬说："不要再来烦我，你这个讨厌的家伙！"

史蒂芬很郁闷，他好像撞到了无形的墙，他瞪着电话，瞪着名单，又瞪着电话。他不打算再打电话了，他给自己倒了一杯可乐，打开了电视。

史蒂芬的竞争对手是娜咪。她是另一家保险公司的业务员，有着同样的名单，任务同样艰巨。虽然她也像史蒂芬一样，被一次次拒绝，但她不会气馁。她会继续去打第5个、第6个……第10个电话，到第12个电话时，她终于得到一个面谈的机会。

当史蒂芬三天后打电话给另一个人时，这个人很客气地告诉他，他最近刚买了保险。

娜咪很成功而史蒂芬很失意，所以我们会看到娜咪对她的工作很有热情、很乐观，也可以了解史蒂芬为什么会对他的工作感到悲观和气馁。常识告诉我们成功使人乐观，但在这本书中，我不断指出，箭头也可以是反方向的。

乐观的人在工作上遇到困境时会继续前进，特别是当他们的对手也碰到同样的困境而开始退缩时，他们会继续前进，所以会成功。娜咪就采用了这个原则。她知道在这个行业里，平均来说，打 10 个电话才可能得到 1 个面谈机会，而 3 个面谈机会里只有 1 个有可能卖成保险。所以她的心理战术就是要让自己跃过那个打电话的高墙。她有一些乐观的技术可以使自己保持士气，但史蒂芬不会这些技术。

乐观不只对竞争性强的工作有利，它对你碰到的任何困境都有帮助。它可能是工作做得好、做得不好或根本就没做的主要原因。我们来举一个没有竞争性的例子，比如写作，就以写这一章为例。

我不像娜咪，我不是天生的乐观者。我必须学习这些技术来跃过那堵高墙。对我来说，写这本书最困难的地方就是找例子，找一个能表达我抽象概念的有血有肉的例子。写抽象的原理对我来说很容易，因为我花了 25 年来研究它们。但每次要举例说明时，我就会头疼，这表示我撞到了那堵墙。我会逃避，会去做其他事，就是不动手写例子。假如那堵墙真的很高，我会出去打桥牌。我可能打几个小时，甚至几天。这样一来，工作仍然没有任何进展，在打了几天桥牌后，我会很有罪恶感，觉得很沮丧。

但现在我不会这样了。虽然我还是会撞到那些墙，但现在我有一些技术来帮助自己。在这一章里，你会学到两个你在工作中可以用到的技术：倾听自己的内心对话，反驳自己的消极想法。

每个人都有自己的一面墙，都会有些事让自己感到沮丧、气馁。你在撞到这面墙后的行为可以决定你会成功还是失败。失败并不一定来自懒惰，但多数时候我们把不能越过这座墙归因于懒惰。失败也不是因为没有才能或没有想象力，它来自对某种重要技术的无知，而任何学校都不曾教过这种技术。

在你的工作中，什么任务让你止步不前？回想一下工作中最令你气馁的情境。是打电话给你的客户吗？是写策划案吗？是与顾客争论对错吗？是你学生眼中透露出来的冷漠眼神吗？不管你的困境是什么，这一章就是要帮助你越过心里的那堵高墙。

## 职场中乐观的优势

习得性乐观可以帮人们越过他们心中无形的高墙，而且不仅仅是他们自己的高墙。我们在第 9 章中看到，一支球队的解释风格关系着这支球队的输赢。而对公司来说，无论规模大小，也都需要乐观主义。它们需要有才能、有高动机同时又乐观的员工。有很多乐观员工的公司比别的公司更有优势。公司可以从三个方面利用乐观的优势。

**第一是可以筛选人才。**以第 6 章中的案例为例，公司可以像大都会保险公司一样挑选乐观的员工。乐观员工的绩效比较好，特别是在有压力时，他们的表现比悲观者好。只有能力和动机是不够的，如果没有不可动摇的信念，那也不会有成功的结果。目前全美已有 50 家公司采用了乐观问卷来筛选员工。这种筛选对培训成本很高或员工流动率很高的公司来说是非常有帮助的。选择乐观的人可以减少人力成本的浪费，提高生产率、工作满意度。

**第二是可以把合适的人放在合适的位置上，做到人尽其才。**乐观程度高的人很显然比较适合压力大、失败率高的工作，这种工作需要具有自主性、坚持性以及敢去做梦的人。悲观虽然对任何人都没有好处，但有些工作也需要悲观。我们在第 6 章中看到，有许多证据显示，悲观者对世界的看法更准确。每一家成功的公司，每一种成功的生活，都需要对现实有正确的评估以及有超越现实的梦想。一个人很难同时拥有这两种能力。本章要教你一些技术，使你同时拥有乐观和悲观，并根据情境的需要而采取不同的态度。

在一个大公司里，如何能做到人尽其才？要了解具有何种心理的人最适合何种工作，必须问两个问题：第一，这份工作需要多大程度的持久力和主动性？第二，它会带来多少的挫败感？对以下工作而言，具有乐观的解释风格是必需的：

- 推销；
- 经纪人；
- 公共关系；
- 演艺娱乐业；
- 筹款、募捐；
- 创造性工作；
- 高竞争性工作；
- 高耗损性工作。

与之相对的另一端是需要高度真实感、准确性的工作，这些通常是低失败率的工作，流动率很低，需要特别的技术，工作压力不大。这些工作需要能正确反映现实的人，而不是冲锋陷阵的人。资深经理以及专业性强的工作都需要敏锐的现实感。对这类工作而言，轻度悲观者比乐观者更合适。这些工作的从业者需要知道什么时候不应当去冲锋，什么时候应当小心提防错误。轻度悲观的人在以下领域中会表现良好：

- 设计工程及安全工程；
- 技术和成本预估；
- 洽谈合约；
- 财务控制及会计；

- 法律;
- 企业管理;
- 统计;
- 技术报告的撰写;
- 质量控制;
- 人事管理。

所以除了极端悲观的人，公司里有一些轻度悲观的人对企业的健康经营会有所贡献。因此，测出应聘者的乐观程度，把他们安排到合适的位置上，使他们能够发挥所长是极为重要的。

虽然每家公司都有一些过于悲观的人，但幸好他们可以通过学习来变得乐观。

**第三是可以让人学习在工作中乐观。**这一点也正是本章的主题，具体的内容在下面进行介绍。

## 如何在工作中变得乐观

只有两种人不需要学习工作环境中的乐观，一种是天生就很乐观的幸运者，另一种是我前面所列的需要适度悲观的员工。剩下的人都可以从学习乐观中得到好处。

以史蒂芬来说，他喜欢保险业务员的独立性，没人整天盯着，今天有事今天就可以不上班，明天多做一点。他有卖保险的才能，有很强的动机，但他缺少一样能够使他跨越心中那堵墙，从而获得成功的东西。

史蒂芬上了 4 天乐观课。这种课跟一般的推销员训练课程不同的地方在于，它不是教你对顾客说什么，而是教你在顾客拒绝时应该对自己说什么，这两者是有天壤之别的。史蒂芬学会了一套改变他一生的技术。本章就是教你如何把这些基本技术运用到你的工作中。你在工作不顺利时怎么想，你在碰壁时对自己怎么说，这决定了你是放弃还是重新开始。我们用的仍然是第 12 章中的 ABCDE 模式。

A 代表不好的事。对很多人来说，不好的事就是终点。他们对自己说："有什么用，我已经弄糟了，干吗还继续下去？"于是他们就放弃了。但是对有些人来说，不好的事是挑战的开始，是通向成功的道路。每一次碰到不好的事都会激发我们的解释风格，来解释为什么事情会不如意。每个人在碰到不如意的事情时，第一件事就是去解释这个不如意。这些解释决定了我们下一步怎么做。解释风格和想法不仅影响着我们的行动，也影响着我们的感觉和情绪。

现在你要去确认、识别 ABC。以下这些例子有些可能在你的生活中发生过，有些可能没有。在每个例子中，我提出不好的事以及想法或后果，你按照 ABC 模式的要求填补空白。

1. A 开车时，有人超车，别了你一下。

   B 你想________________。

   C 你很生气，狂按喇叭。

2. A 你失去了一个好买卖。

   B 你想"我真是一个差劲的推销员"。

   C 你觉得（或你怎么做）________________。

3. A 老板批评你。

   B 你想________________。

   C 你整天都很沮丧。

4. A 老板批评你。

   B 你想________________。

   C 你对所发生的事感觉还可以。

5. A 你的配偶要求你每天晚上必须在家。

B 你想________________________。

C 你很生气，觉得很郁闷。

6. A 你的配偶要求你晚上必须在家。

B 你想________________________。

C 你觉得很悲哀。

在下面这三个例子中，想象你自己是个保险业务员。

7. A 这一星期，你没有得到一次面谈的机会。

B 你想“我总是做不对事情”。

C 你觉得（或你怎么做）________________________。

8. A 这一星期，你没有得到一次面谈的机会。

B 你想“我上个星期的成绩还不错”。

C 你觉得（或你怎么做）________________________。

9. A 这一星期，你没有得到一次面谈的机会。

B 你想“老板给我的这份名单真是差透了”。

C 你觉得（或你怎么做）________________________。

这个练习的目的是了解你对不好的事的想法会改变你的感觉及接下来的行为。

在第 1 个例子里，你可能会填“真是个神经病”“他在赶死呀”“真是个自私自利的家伙”。在第 5 个例子里，你可能会想“她从来不考虑我的需要”。当我们的解释风格是外在的，当我们认为这个不好的事侵犯了自己的主权时，我们会感到愤怒。

在第 2 个例子里，你可能会觉得悲哀、沮丧、烦躁不安，而“我真是一个差劲的推销员”是一个人格化的、永久的以及普遍的解释，它正是构成抑郁症的元素。同样，在第 6 个例子中，当妻子要求你晚上留在家里时，你觉得很悲哀，因为你很可能认为“我很不体贴”“我是个差劲的丈夫”。

在第 3 个例子中，什么样的解释会让你一整天都无精打采？是那些永久性、普遍性以及人格化的解释，例如“我不知道怎样才能干得好”或“我总是把事情弄糟”。那么，怎样才能在老板批评你之后还觉得心情不错呢？第一就是找一个可以改变这个批评的方法，告诉自己“我知道怎么做能帮助我提高能力”或“我应该再细心一些”。第二，你要让自己的想法不那么具有普遍性，告诉自己“只是这件事没办好而已”。第三，不要怪罪自己，你可以想“老板今天心情不好”或“我的工作期限太紧了”。如果你能在自我反省时很习惯地从这三点去想，那么不如意的事就会变成你成功的跳板。

在最后的三个例子中，你可以看到，如果你的想法跟例 7 中的一样，觉得“我总是做不对事情”，那你就会觉得很悲哀，什么都不去做了。如果你的想法跟例 8 中的一样，觉得“我上星期的成绩还不错”，那你就不会悲哀，而是继续努力。如果你的想法跟例 9 中的一样，“老板给我的名单真是差透了”，那你就会对老板不满，而把希望放在下个星期。

## 你的 ABCDE 练习：反驳自己的想法

现在你应该很清楚 ABC 之间的关系了。每当你在工作中感到泄气、悲伤、气愤、焦虑或沮丧的时候，写下这些情绪发生前一瞬间的想法，你会发现这些想法跟你在 ABC 练习中的答案非常相似。

如果你能改变 B（你的想法和对不好的事的解释），C（后果）也会跟着改变。你可以把那些消极的反应变成愉快的、充满活力的反应，这个扭转的力量来自 D——对自己想法的反驳。

对付暂时的失意，跨越无形高墙的技巧就在于反驳消极想法。因为这些想法已经根深蒂固了，所以想要反驳它们还是相当费力的。要学会如何去反驳自动产生的想法，你要先学会倾听内在对话，下面就教你如何玩倾听的游戏。

## 跳墙游戏

这个游戏的重点在于你内心的高墙，使你想放弃所有努力的那堵高墙。在我们给保险从业人员办的培训班中，很容易就找到了这堵高墙。我们以这种打电话给陌生人的工作为例，让人们指出他们工作中的 ABC，他们把名单带到了培训班上。他们第一天晚上的家庭作业就是打 10 个这样的电话，他们必须写下打完每个电话之后的 ABC。下面就是他们内心的对话。

**不好的事：**又要开始打这种电话了。

**想法：**我真不想打这种电话，我也不是非打这种电话不可。

**后果：**我觉得愤怒、紧张，几乎无法去拨号。

**不好的事：**今晚第一个电话就被人家挂掉了。

**想法：**这个人太无礼了，他根本连一点机会都不肯给我，他实在不应该这样对我。

**后果：**我觉得很不平，必须先休息一下才能继续打第二个电话。

**不好的事：**今晚第一个电话就被人家挂掉了。

**想法：**算了，又处理掉了一个拒绝电话，反正每被拒绝 10 次才会有一个面谈的机会，这个拒绝使我离面谈更进了一步。

**后果：**我觉得很轻松，很有活力，可以接着打电话。

**不好的事：**我跟那个女人在电话里谈了 10 分钟，她才告诉我她不愿意面谈。

**想法：**我把这事弄砸了，我究竟是怎么了？如果聊了这么久还不能约到一次面谈的机会，那我真是最差劲的推销员了。

**后果：**我觉得很泄气，很有挫败感，很不愿意去打下一个电话。

你可以看到当出现了永久性、普遍性以及人格化的解释（我真是最差劲的推销员）时，泄气和放弃紧随而来。当另一种解释（又处理掉了一个拒绝电话）出现时，你会充满活力和士气，并继续前进。

现在轮到你来玩这个跳墙游戏了。仔细倾听你在遭受挫折时内心的对话，来看这些想法如何影响你后来的感觉以及下一步的行动。这个游戏有 3 个版本，选最适合你的那一个。

1. 如果你的工作包括打电话给陌生人进行推销，那么拿出你的电话名单打 5 个电话。在打完每个电话后，写下不好的事以及当时心中闪过的想法，还有你的感觉以及后来你怎么做的。

2. 如果你的工作不是打电话给陌生人进行推销，请你找出你工作上的高墙，一道你每天都会面临的高墙，这样你就可以把每天在办公室里发生的 ABC 记录下来。

在教师这个行业，要面对的高墙可能是那些颓废、无动于衷的学生。你会觉得不管怎么努力，不管在教学上怎么有创意，这些学生还是不想学习。我很讨厌那种感觉，好像我在把知识强加给他们。这使我越来越难在教学上创新，因为我心里总是在想“反正也没用”。

在护理这个行业，使护士耗尽体力提早退休的主要原因之一是他们受到上下夹击的煎熬。患者常常是苛责、有敌意、脾气暴躁的，这会使护士觉得非常劳心劳力，而且不被人感激。最典型的抱怨是：“我每次接班时都告诉自己，不要被压力压倒，患者本来就是很挑剔、脾气坏的。他们是住院的患者嘛！怎么可能会心情好？但我无法用同样的理由来解释医生对我的态度。医生不仅不把我当作同事看待，他们的态度反而让人觉得好像我的工作不够重要，我也不像他那么聪明。时间久了，不管怎么为自己打气，我都提不起劲儿来。我开始恐惧、厌恶接班，我觉得无精打采，我发现自己不停地在数离交班还有几个小时。”

现在，请找出你每天工作中的高墙，然后仔细倾听你对自己说了些什么。花一点时间记录下这些不好的事、你的想法以及后来怎么样了。

3. 第三个版本是给那些不需要每天面对高墙的人的。管理者、作家等是比较不会每天都碰壁的行业，大约一年中只会发生几次。

经理人常碰到的一堵墙是去维持手下员工的士气。就如一位经理人所说的：“做经理有时真的非常有挫败感。最困难的部分，也是我最讨厌的部分，就是维持员工的士气和生产力。我试过用奖励的方式，也试过以身作则的方式，但有的时候我就是不知道他们究竟在想什么。当然，如果我密切关注某人，紧盯着他的工作，我自己又觉得很不舒服，好像自己很唠叨。我不想对他们太严，但同时也不能对他们太松，最后我觉得自己一点效率都没有。就像我刚才说的，做经理实在让人很有挫败感！”

如果你的工作属于第三种版本所描述的行业，请在今晚留出 20 分钟，找一个安静的房间，尽可能生动地去想象你面对高墙时的情境。你也可以使用道具。如果你的高墙是写报告，那你可以坐在一张白纸前面，想象这份报告明天就要交了，你感到时间将尽而又写不出来的绝望。如果你是经理人，想象你跟最恶劣的员工之间的对白，然后把这些不好的事、想法和后果都忠实地记录下来。

无论哪种版本，请记录 5 次，但每一次不好的事都要有所不同。

不好的事：________________________________________

______________________________________________

想法：__________________________________________

______________________________________________

后果：________________________________________

______________________________________________

当你记录完 5 个 ABC 后，仔细看一下你的想法，你会看到悲观的解释导致被动和泄气，而乐观的解释会让人产生更多的活力。所以你下一步要做的就是去改变你习惯性的悲观解释。要达到这个目的，请玩一下这个游戏的第二个部分：反驳。

## 反驳

跳墙游戏的第二个部分包含你刚刚做过的那个部分，但现在每当这样做时，你还要反驳自己的悲观解释。幸好熟练掌握这个反驳技术并不困难，你可以每天在脑海中练习。

今晚在家中，把你要打的电话名单拿出来，或者找个安静的房间，想象自己正面对着办公室中最不愉快的情境。现在针对 5 个不好的事件中的消极想法去反驳它们。每次反驳完后，写下 ABC 以及你的反驳（D）和反驳后所引起的激发感（E）。在开始前，请先读以下例子。

**冷漠电话**

**不好的事：**那个人在听我讲了半天后才把电话挂掉，让我白费了力气。

**想法：**他至少应该让我说完。我一定是做错了什么才会在最后关头丢了临门一脚，让煮熟的鸭子飞了。

**后果：**我非常生气，对自己很失望。我很想今晚到此为止，不再继续了。

**反驳：**或许他正好在干某件事干到一半，急着回去干完它。我已经让一个大忙人听我说了这么久的话，我真的很有说服力。我无法控制别人要怎么做，但我已经把材料准备得很齐全了，表达得也很得体。显然这个人没时间听我说完，这是他的损失。

**激发：**我会继续再打下一个电话，我对自己的表达方式感到满意，而且相信会终有所成。

**不好的事：**这个人显然很感兴趣，但他就是不肯跟我定面谈的时间，非要等我跟他妻子谈过后再说。

**想法：**真是浪费时间。现在我必须牺牲本来可以用来说服别人的时间，重新说服这对夫妇。他为什么不能自己决定呢？

**后果：**我觉得很不耐烦，而且有点生气。

**反驳：**嘿，至少这不是拒绝，它还有可能变成面谈，所以不是浪费时间。我可以说服他，就一定也能说服他妻子，所以我已经成功一半了。

**激发：**我相信只要再多做一点，就可以完成这笔交易了。

**不好的事：**我先生在我电话打到一半时，打电话进来。

**想法：**他干吗现在打进来？浪费了我的时间，还扰乱了我的步调。

**后果：**我心里很不痛快，在电话里对他很冷淡。

**反驳：**不要太苛求他，他并不知道他的电话会扰乱我。他或许认为我可以乘机轻松一下。他能想到我、打电话给我，真是很贴心。我很高兴我有这么一个体贴我、支持我的丈夫。

**激发：**我放松多了，感到婚姻很美满，我打电话给他，跟他解释为什么刚才的电话那么简短。

**不好的事：**我打了 40 个电话却没有得到一个面谈的机会。

**想法：**我没有半点进展，打这种电话真是蠢死了，根本就是浪费时间和精力。

**后果：**我觉得很挫败，生气自己把时间花在打这种电话上。

**反驳：**只是一个晚上如此而已。每个人都不喜欢打这种电话，都觉得很困难，像这样一无所获的夜晚以后还会再发生。就把它当作学习经验好了，我起码练习了如何去表达，所以明天晚上我会表现得更好。

**激发：**我还是有挫败感，但不像刚才那么严重了。不过，我不再感到愤怒，明天晚上我应该会有所收获。

**教学**

**不好的事：**直到现在我还是无法让一些学生对学习感兴趣。

**想法：**为什么我总是无法触及这些孩子的内心？假如我更聪明、更有创意、更有活力，说不定我可以让他们对学习感兴趣，主动学习。如果这样没有成效的话，那我就根本没有尽到做老师的职责，或许我不适合当老师。

**后果：**我不想再去尝试新创意了，我觉得非常沮丧、泄气，提不起劲儿来。

**反驳：**仅凭这一小部分学生的反应来判定我适不适合做老师是不对的。事实上，大多数学生对我的教学反应都很好，而且我花了很多时间去设计教学内容，尽量让学生参与，我的教材相当有创意。在空闲时，我可以请教一下其他老师，看他们是如何应对这个问题的。或许通过集思广益，我们可以拟出一个方案来激发这些学生的兴趣。

**激发：**我对自己的教学工作有信心多了，我希望跟别的老师讨论后可以得出一些新的想法和做法。

**护理工作**

**不好的事：**还有 6 个小时才能交班，我们今天人手不够，医生刚才嫌我动作太慢。

**想法：**他是对的，我的确太慢了。我应该更熟练，但我没有。其他护士都能达到医生的要求，只有我不能，我想我实在不是做护士的料。

**后果：**我心情低落，对自己没能做好分内的工作感到有罪恶感。我很想抛下工作，跑出医院去透透气。

**反驳：**如果事情能顺利当然最理想，但理想不是现实，特别是在医院中，理想和现实差得很远。无论如何，这并不是我一个人的责任，我跟其他护士做得一样好。我或许有点儿慢，但今天我们人手不足，我必须多做很多其他的事，所以进展得慢。我应该为多做了这么多事感到高兴，而不应该因为额外的工作使医生觉得我太慢而感到懊丧。

**激发：**我现在感觉好多了，而且不再有负罪感。剩下的6个小时似乎不像刚才那样压得我透不过气来了。

### 管理工作

**不好的事：**我的部门生产又落后了，老板铁定要来数落我。

**想法：**为什么我的工人都不能尽职尽责，做好他们应该做的事？我已经示范给他们看应该怎么做了，他们还是做不好。为什么我不能让他们表现得好一点？老板雇我来就是要我去督促他们的，现在老板一定会认为都是我的错，我是一个差劲的工头。

**后果：**我对整组工人都不满，很讨厌他们。我想把他们叫进来臭骂一顿。我对自己的表现也不满意，担心老板会解雇我，我想在我们生产赶上进度以前最好回避老板。

**反驳：**首先，我的部门生产落后是事实，但我的部门来了很多新手，新手当然干得比较慢。我们以前也有过新手，但不像这次这么多。虽然我给他们做了示范，但他们需要时间练习。我没有做错任何事，因为那些老手干得还是很好的。所以我只需要耐心点，特别关注一下新手就够了。我已经跟老板解释过了，他知道事实就是如此，我想他可能受了他老板的气。他们不会因此而解雇人。我会再跟他谈，直接问他，我是否有什么地方做得不好。同时，我要去试试看能不能找些老手来帮忙。

**激发：**我不想再臭骂工人了。事实上，我现在可以心平气和地跟他们讨论进度了。我不再为公司是否会解雇我而紧张，因为我知道我过去的表现一直很好。我现在不仅不应回避我的老板，反而应该主动去跟他汇报进度，沟通存在的问题。

下面轮到你了，请记录下你的反驳，至少做 5 次练习。

不好的事：________________________________________

________________________________________________

想法：___________________________________________

________________________________________________

后果：___________________________________________

________________________________________________

反驳：___________________________________________

________________________________________________

激发：___________________________________________

________________________________________________

你现在应该会发现，当反驳自己的消极想法时，你会从泄气、懒散、无精打采一跃变得充满活力、充满信心。你需要反复练习反驳，下面我带着你来做些练习，以使你更快、更准确地打击那些悲观想法。

## 如何拯救坏心情

你一走进办公室，老板就对你皱眉，你想："一定是我的报告写得不好，他要解雇我。"你感到很泄气，偷偷溜进自己的办公室，对着那份报告发呆。你甚至不敢重新再读一遍这份报告，你的心情越来越阴郁。

当这种事情发生在你身上时，你一定要立刻反驳自动产生的消极想法，把自己从坏心情中拯救出来。在上面两章中，我们已经看到有效反驳自己的4个主要方法：（1）证据；（2）其他可能性；（3）暗示；（4）用处。

### 证据

学着做一名侦探，问自己："支持和反对这些想法的证据在哪里？"例如：你凭什么认为老板皱眉是因为你的报告写得不好？你觉得你的报告有什么不对的地方可能会激怒老板吗？你的报告是否很全面？老板已经读了你的报告，还是这份报告仍然在他秘书的桌子上？你会发现许多人总是先想到最坏的结果，有时候没有任何证据就自以为大祸临头。

### 其他可能性

可不可以用其他方式来看这件不好的事？例如：老板皱眉是不是因为其他的原因？你有时不能很快找到答案，因为长年来的悲观解释风格已经定型了。一旦有坏事出现，悲观的想法自然而然就出现了，而且左右着你的行动，所以你要练习去搜寻其他的解释："他是不是今天心情不好？""他是不是昨晚为准备国税局的查账而没睡觉？""假如是针对我的话，是我的报告写得不好，还是我的领带太花哨？"找出其他可能的解释后，你可以回到第一步，逐一搜寻它们的证据。

## 暗示

如果你悲观的解释是对的，那就是世界末日了吗？假如是你的报告让老板恼火，难道这就意味着他会解雇你吗？如果这只是你第一次犯错，他就此对你产生不好的印象，那你能做什么来挽回？再次回到第一步，即使他不喜欢你写的报告，那么他想解雇你的证据是什么？令人不快的情境并不意味着大祸临头。你可以通过分析有关情境最实际的暗示来掌握"非灾难化"技术。

## 用处

有时，思考自己的解释是否准确并不重要，重要的是现在想这个问题是否有用。现在去想老板皱眉头的问题有用吗？它会不会干扰你下午那场重要的演讲？如果会，你就应该打断消极的、破坏性的想法。有 3 种方法可以达到这个目的，每种方法都很简单有效。

- **借用外力来打断这个消极想法。**例如，用橡皮筋弹手腕，说"停止，不要再这样想了"，或者用冷水洗脸，说"好了，不要再想了"。
- **设定一个时间专门来想这个问题，但现在不要去想它。**你可以设定任何方便的时间来想它。当发现自己又在想这个问题时，你可以对自己说："打住，我要放到今晚 7 点半以后再来想它。"这个烦心的想法一再来干扰你的目的，就是它要提醒你不要忘记或忽略这个问题。如果设定了一个时间专门来处理这个问题，那么反复思考这个问题就没有必要了。
- **这种想法一出现就立刻把它写下来。**这样，当时间合适的时候，你就可以重新认真地考虑这个想法，而不会因此感到无助。这个方法跟上面的方法一样，使悲观想法不再有反复出现的理由。

在有了上面 4 个反驳悲观解释的武器后，你现在要练习把你的反驳大声说出来。看不见的敌人是很难打败的，把内心的思想引出来就容易收拾多了。下面是我们在乐观训练班中采用的一个很有效的方法：选一个你信任的同事来帮你练习。假如你在公司找不到合适的人，那么你的配偶或任何一个有耐心的朋友都可以。他们的任务是把你内心的悲观批评还给你。请把你的 ABCDE 记录给他们看，让他们了解你平常是如何批评自己的。你的任务是将那些严厉的批评大声反驳回去，用任何你可以想到的论点去封杀那些批评。下面有些例子，你可以先研究一番再开始你的练习。

**同事（以你攻击自己的方式攻击你）：**今天经理在你说话时连看都没看你一眼，她一定是认为你说的不重要。

**你：**我说话时，经理大多数时候并没有看着我，这是事实，看起来她并没有很认真地听我说话（证据）。不过，这并不表示我的想法不重要或她认为它们不重要（暗示），或许她心里有许多事（其他可能性）。我知道过去她很看重我的想法，而且有两三次还来征询我的意见（证据）。

**同事（打断你的话）：**你一定很笨。

**你（继续反驳）：**即使她不喜欢我的意见也不表示我很笨（暗示）。我头脑好用，每次谈话时我都能说出有意义、有见解的话（证据）。下次我一定要先问她是否有空再开口说话（暗示），这样我就不会把她的分心误会成不喜欢我了（其他可能性）。

**其他老师（以你攻击自己的方式攻击你）：**你的学生根本不听你的话，他们宁可发呆也不想听你的课。

**你：**我的确不知道有些学生心里在想什么（证据），但是这并不表示我就不是一个好老师（暗示）。我能够让大部分学生对学习感兴趣，而且我对我的创意教材感到很骄傲（证据）。假如我所有的学生都能对学习感兴趣，那当然最好，但那是理想而不是现实

（其他可能性）。我已经在努力使这些学生参与学习，并且鼓励他们尽量参加学校的活动了（证据）。

**其他老师（打断你）：**假如你连维持学生 50 分钟的注意力都做不到，那你一定不是一个好老师。

**你（继续反驳）：**这一小部分学生的失败并不足以抹杀我的成功（暗示）。

**同事：**你让她把你骂得体无完肤，你一点骨气都没有，真是个懦夫。

**你：**跟上司讨论问题本来就是件困难的事，其他人也有这样的感觉（其他可能性）。我跟上司说话时，口气不能像跟同事那样强硬，但我还是把我的想法清楚地、非情绪化地表达了出来（证据）。谨慎并不表示我就是懦夫，她是我的上司，对我有“生杀大权”（其他可能性），这本来就是一个很微妙、很难处理的情境。我应该多保留一点，以确保自己没有冒犯她，让她生气，因为她一生气我们就没办法再谈了（暗示）。在我继续跟她讨论之前，我可以先花些时间来排练一下我想说的话，我可以用坚决但不具冒犯意味的口气来表达我的意见（用处）。

**同事：**人家挂了你的电话说明你的表达方式有错。

**你：**我虽然不能像主持人那样，但我口齿清晰、语气肯定，具有权威性，表达的方式也不错（证据）。我今天都是以一样的方式在打电话，而别人都没有挂掉我的电话，我今天打了 20 个电话，这是第一个被挂掉的电话（证据）。

我不认为这跟我的表达方式有什么关系，他很可能正在做什么重要的事却被我打断了（其他可能性）。不管怎样，这是一件让人不快的事，不过这件事并不足以反映出我的销售能力（暗示）。

**护士同事：**不管你怎么做，患者都嫌不够，患者永远要你全部的注意力，而医生还不断责怪你。如果你是比较高明的护士，那你应该可以让患者和医生都满意。

**你：**话是没错，但还有很多其他的事需要我注意（证据）。这些都是护理工作的一部分，这并不表示我不是一个好护士（暗示）。

**护士同事（打断你）：**护理是个压力很大的工作，你没有足够的驱动力来承担这份工作。

**你：**我并没有义务或责任使患者和医生都快乐，这是一个不实际的想法。我尽我所能使患者舒适，帮助医生看护患者，但我不对他们的快乐负责（其他可能性）。

这是一个压力很大的工作，我很愿意学习如何应对压力。或许我应该跟那些有经验的护士谈谈，看他们是怎么处理工作中的压力的（用处）。

## 练习，练习，再练习！

现在轮到你了。花 20 分钟去反驳朋友对你的批评，当成功反驳了一个批评之后，你朋友应该继续下一个批评。20 分钟后，你跟朋友交换角色，变成你批评，他反驳。

本章的目的是教你两个可以在工作中使用的基本技巧。第一，学习倾听自己内心的消极对话，你可以在不好的事件发生时写下当时出现在你心里的想法。你会看到当这些悲观想法产生的时候，被动、沮丧也随之而来；如果你能把这些习惯性的悲观想法变成乐观的，你就会发现虽然是同样不如意的事，你现在却觉得充满了活力与希望。

第二，要达到这个目的，你必须练习反驳自己的悲观看法。你可以把工作中或想象中的反驳写下来，然后用外化的方式把这些反驳大声地说出来，以此进行练习。

这些只是开始，能否成功的关键还在于你自己。现在，每当遇到不好的事时，请仔细倾听你对该事件的解释。如果这个解释是悲观的，那你就以证据、其他可能性、暗示以及用处为工具，尽力去反驳它。必要时，使用转移注意力的方法，使自己跳出悲观的思维，让这个新的看待事情的方法取代你原有的习惯性的悲观解释。

## 塞利格曼的乐观课堂

Authentic Happiness

1. 除了极端悲观的人外，公司里有一些轻度悲观的人对企业的健康经营会有所贡献。
2. 由于某些岗位需要轻度的悲观者，了解员工的乐观程度，把他们安排到合适的位置上是极为重要的。

## 第 15 章

# 乐观可以有弹性

---

我们需要的不是盲目的乐观，
而是弹性的、审时度势的乐观。
当需要悲观时，必须有勇气去接受它。

---

身边的悲喜故事

凌晨4点纠缠着我的恐惧在这两个月已经不复存在了。事实上，我的整个生活都改变了。

我有一个可爱的女儿——劳拉。现在我打字时，她正安静地在旁边吃奶，大概每隔一分钟，她就停下来用她深蓝色的眼睛望着我，对我微笑。微笑是她新学会的技巧，一笑起来整张脸都喜滋滋的。

我想起了去年冬天在夏威夷看到的小鲸，它们在水中无忧无虑地嬉戏，它们的父母在旁边保护着它们。劳拉的笑容常常在凌晨4点的时候把我惊醒。

她的前途会怎样？现在的可爱以后又会变成什么样？《纽约时报》报道说，突然决定要生孩子的美国已婚女性人数是10年前的两倍。这些新生代是我们未来的希望。但他们也是身处危难的一代，除了本来已有的核武器、政治和环境灾难外，还有精神和心理上的灾难。

抑郁如此流行，我们需要怎样的社会才能幸免？

后面的这个灾难或许有救，习得性乐观在这份解药里将扮演重要的角色。我们在本书中看到，自第二次世界大战以来，抑郁症的患病率急剧上升。现在年轻人的抑郁症患病率比他们的祖父母高了 10 倍，女人和年轻人特别容易受到抑郁症的折磨。目前看不到这种流行病得到缓解的任何迹象，而我凌晨 4 点的噩梦告诉我，对娜拉和她这一代人来说，这是一个真实的危机。

要解释抑郁症现在为什么出现得这么频繁，为什么发达国家的孩子这么容易受到抑郁症的侵蚀，我先要检视两个令人警觉的趋势：**自我意识的膨胀和公共意识的消失。**

## “特大号”的自我

当今社会对自我的重视是前所未有的，它对个人的成功与失败、幸福与痛苦的重视也是前所未有的。社会赋予个人的权利也是前所未有的：你可以改变自我，甚至改变自我思考的方式，因为这是一个强调个人控制的时代。目前自我膨胀已经到了危险的地步，个体的无助已经到了需要治疗的地步。

20 世纪初，当刚刚出现生产线时，人们只能买到白色的冰箱，因为把生产线上的每一台冰箱都喷上同样的颜色比较省钱。1950 年以后，人们开始有了选择。由于科技的进步，工厂可以给冰箱喷上不同的颜色，且依然有利可图。科技打开了巨大的个性化的市场，这个市场可以满足个人特定的需求。例如，现在的牛仔裤已经不一定是蓝色的了，它可以有几十种颜色和款式；每一年汽车公司都推出各式各样的新款汽车；市面上有成百上千种啤酒和饮料；单单是阿司匹林就有几百种。

要创造个性化的市场，就需要用广告费尽心思地宣扬个人控制。当人们有很多钱来进行消费时，个人主义就变成了一种有利可图的世界观。

现代的财富跟几百年前的财富是不一样的。比如说，中世纪的王子很富有，但他的财富不能转变成购买力，他没办法卖他的领地去买马，就像他没有办法卖掉他的爵位一样。但我们今天的财富建立在五花八门的选择上，我们有了更多的食物、更多的衣服、更多的音乐会、更多的书、更多的知识，甚至有人说我们有了更多可以选择的爱。

物质欲望的大幅提高，也提高了工作和爱情上的期待（或者说可接受的程度）。以往只要工作能维持一家人的温饱，我们就很满意了，今天却不行。它必须要有点意义才行，同时还要有升迁的途径和空间，同事间要意气相投，还要有良好的退休制度，这样我们才能感到满意。

人们对婚姻的要求也不一样了，它不再只是为了传宗接代。我们要求配偶外形出众、谈吐风趣、网球打得好，等等。这些期望的提升来自选择的增加。

谁来选？所有人。现代人不再像古代人，大部分一生下来就注定是农民。现在他们有无数的选择，有自己的偏好，其结果就是一个新的自我，一个“特大号”的自我。

现在的财富和科技使自我发展到了顶点。不管好还是不好，我们现在就处在一个“特大号”自我的文化中。过度膨胀的自我带来了危机，其中最主要的一项就是抑郁症的泛滥，我认为抑郁症的流行跟“特大号”自我有很大的关系。

如果在隔离的情境下，自我的扩张可能有正面的效果，它可以使我们的生活更充实，让我们把潜能发挥出来，但事与愿违。这个时代自我的扩张正好与公共意识的消失同时发生，人们失去了生存的高层次目标，而生活目标的消失与共同意识的薄弱为抑郁症的产生提供了最佳环境。

## 遗失的精神家园

一个人如果只是为自己而活，那的确是一个很贫乏的生命。人类需要生活在意义和希望中。我们以往的生活充满了意义和希望，当遇到失败时，我们可以停下来，在这个意义和希望的精神堡垒中休养一下，重新去思考我是谁。我把这个叫作公共意识，它包括我们对国家、神祇和家庭的看法。

20 世纪 60 到 90 年代，削弱美国人公共意识的事件不断发生。这使得人们几乎要赤裸裸地去面对生活的冲击。总统被刺、越战、水门事件等，破坏了美国人对国家的期望。因此，爱国、对国家忠诚不再能带给美国人希望，这使得人们从内心去寻找自我满足，使得人们更加关注自己的生活。

政治事件削弱了美国人对国家的期望，社会趋势也减弱了美国人对神祇和家庭的依赖。本来宗教和家庭是可以取代国家而作为希望和目的的来源的，但不幸的是对国家信心的消失与家庭的破裂、信仰的崩溃几乎同时发生。

高离婚率、频繁的人口流动以及低出生率是家庭人口瓦解的三大原因。由于离婚频繁，家庭不再是我们的避风港。高人口流动率严重动摇了家庭的凝聚力。最后，美国大多数家庭只有一两个小孩，这样很多小孩没有兄弟姐妹，非常孤独。虽然父母投注到孩子身上的注意力在短期内似乎对孩子非常有利（父母的关注的确能使孩子的智商提高 0.5），但是长远来讲，这会使孩子产生一个错觉，以为自己的快乐与痛苦比什么都重要。

因此，家庭瓦解时，你还可以去哪里寻找认同、人生的目的和希望？当我们需要一个避风港时，我们发现原来那些舒适的沙发、躺椅都不见了，只剩下一张小小的、摇摇欲坠的小板凳——自我。而这个没有理想、没有目标的“特大号”自我，在面对抑郁症时可以说是坐以待毙。

个人主义的兴盛和公共意识的薄弱都会增加患抑郁症的可能性。而这两者同时发生在美国的现代历史中，依我看，这就是抑郁症在美国泛滥的主要原因，造成泛滥的机制则是习得性无助。

在本书第 4 章和第 5 章，我们看到当人们面临自己无法控制的失败时，他们就会有无助感。这种无助感越来越强烈时就会变成无望，最后升级成严重的抑郁症，他们把所有的事情都看成永久性的失败，把责任都归因为自己的无能。

人一生中免不了有失意的时候，挫折、失败、闭门羹可以说是家常便饭，我们很少能心想事成、万事如意。在美国这种个人主义的文化中，除了个人，它不再重视其他东西，而当个人遭遇不幸时，他也不能从社会得到任何安慰。一个比较“原始”的社会会对成员的损失加以安慰或补偿，使无助不至于升级成无望。心理人类学家巴克 · 希弗林（Buck Schieffelin）曾到新几内亚的原始部落卡鲁里（Kaluli）寻找类似于文明世界的抑郁症，结果他一无所获。当卡鲁里人饲养的猪跑掉时，这个人会很伤心，但是族人会再给他一头猪，这个损失会由全族人共同承担，所以他的无助不会升级成无望，他的损失也不会扩大成绝望。

美国社会抑郁症的泛滥不全然是因为社会不对人施以援手，很多时候其实是极端的个人主义造成的悲观解释风格使人们把失败归因于永久性、普遍性以及人格化的原因。个人主义的抬头使人们自然而然地认为失败大概就是自己的错。既然没有别人存在，当然好坏都是自己的事。公共意识的丧失意味着失败是永久的、普遍的，个人的失败看起来就像是天大的灾难。在个人主义的社会里，时间随着个人的死亡而终止，因此个人的失败似乎就是永久的，而且这个失败得不到任何慰藉，这使他的一生都受到这次失败的影响。如果我们有超越自我的较为高远、宏大的信仰，个人的失败就会显得微不足道，看起来就不会那么永久，也不会有那么大的杀伤力。

## “特大号”自我的伤害与宝藏

下面是我的诊断：美国抑郁症的泛滥来自个人主义的兴起以及公共意识的消失。这表示我们有两个出路：第一就是改变个人与集体之间的关系，寻求新的平衡点；第二就是找出“特大号”自我的优势。

“特大号”的自我会有怎样的未来？我认为如果不对个人主义加以限制和规范，它就会像脱缰的野马，不仅会毁了我们，也会毁了它自己。一方面，是因为在盛行个人主义的社会通常抑郁症泛滥，而当别的社会看出个人主义会使抑郁症患病率升高 10 倍时，个人主义自然就会衰微。

另一方面，是比较重要的原因，就是生命的无意义感。我认为，有意义的一个必要条件就是你必须依附到一个比自我更宏大的东西上去。你可以依附的东西越宏大，你的生命就越有意义。如果年轻人不再在乎他对国家的责任，也不再是一个大的、紧密的家庭的一份子时，他就很难在生命中找到任何意义。

换句话说，自我本身是没有什么意义的。

因此，如果想减少抑郁症和生命的无意义感，我们就一定要放弃一些东西。一个可能性是放弃极端的个人主义，让“特大号”的自我回归原本的自我。另一个比较可怕的可能性是我们投降，交还个人主义带给我们的新自由，放弃个人控制和对个人的关心。

另外还有两个比较有希望的可能性。它们都是要发掘“特大号”自我的优势：第一个是利用增加公共意识来平衡自我和团体的关系；第二是运用习得性乐观。

## 道德慢跑

“特大号”自我并非一无是处。它可以促使自我取得进步，或许在这个自我改进的过程中，它能让我们认识到自我第一的本位主义虽然在短期内很有利，但长远看来却是有害的。

这个“特大号”自我所能做的选择中，有一些是相互矛盾的。或许在了解了抑郁症和无意义感会跟随过度以自我为中心的思想而来后，我们可以减少对自我舒适与否的重视程度，但仍保持对个人主义重要性的信仰。这样，我们就可以匀出一点空间让自己可以依附到比较宏大的东西上去。

但即使我们愿意这样做，在美国这个如此个人主义化的社会，对集体的认同与奉献也并不是一说就能做到的。我们还是有太多的自我存在着，因此必须想一个新办法。

举一个慢跑的例子。很多人都选择将慢跑作为健身运动，每天黎明起，无论天气如何都坚持去运动。慢跑本身实在不能带给我们什么快乐，即使不痛苦，至少也不是舒服的。那么为什么还要去跑，自找罪受呢？因为它对我们的长远利益有好处。我们相信，只要坚持，我们一定会更长寿、更健康、身材更好。我们用每一天的自我牺牲去换取长远的自我利益。一旦能够说服自己缺少运动会让我们赔上健康和幸福，那慢跑就会越来越有吸引力。

个人主义和自私自利也是一样。我认为抑郁症来自对自己的过度关怀和对集体的不够关心。缺乏运动和胆固醇过高会危害我们的健康和幸福，同样，过度关心自己的成功与失败、对集体没有认同感与奉献心也会带来危机——抑郁、不健康、生活无意义。

为了自身的利益，我们应该怎样来减少自我的分量而增加集体的重要性呢？答案就是道德慢跑。

对现在的人来说，花时间、金钱让自己出头、拿第一是很自然的事，但要将这些用到别人身上以实现团体的幸福就不是一件容易的事了。在一个世纪前，星期天是用来休息和与家人聚在一起大吃一顿的，但现在我们相信这样做对身体不好，所以放弃了一家人团聚、吃喝的乐趣，而是在星期天进行运动和节食。

我们该如何摆脱自私的习惯呢？运动——不是身体上的，而是道德上的，它可能是抵抗抑郁症的良药。看看下面哪一项比较适合你。

- 把去年退税金额的 5% 作为慈善基金捐赠出去。不要通过基金会或慈善机构，而要亲自把这笔钱发放出去。你可以选自己感兴趣的慈善领域，登个广告说你有若干美元要捐献，请符合条件的人前来申请。你要亲自面谈，把钱捐出去，并确定这笔钱能用到你想的地方。
- 放弃一些享乐行为，例如一星期下一次馆子、每个星期二的晚上租录影带来看、周末去打猎、下班回家打游戏或周末去逛街等。把这个时间（相当于一星期有一个晚上）用于从事一件对团体、社区有利的活动，如帮助志愿者做晚饭给流浪者吃、帮助社区小学做公益宣传、拜访艾滋病患者、清扫街道、为母校募款等。
- 当乞丐向你乞讨时，不要塞钱给他就完事。停下来，跟他聊聊。如果你认为他会好好利用你给他的钱，那再给他钱（但一次不要超过 5 美元）。常常去那些乞丐聚集的地方，跟他们聊天，把钱给那些真正需要的人。一个星期花 3 个小时做这件事。
- 当你在报刊上读到某个令你感动的英雄事迹或好人好事时，写信给那个人。写信去鼓励那些值得你尊敬的人，指责、提醒那些有不良行为的人或组织。一个星期花 3 个小时来写这种信，揭恶扬善。这种信要慢慢地构思才会写得好、写得动人，有说服力。把它当作你的业务报告那样谨慎小心地来写。

- 教导你的孩子如何施舍。叫他们把零用钱的 1/4 留下来准备捐出去，让他们去找值得捐款的人或事情。

你不一定要因为大公无私才去做这些事，你可以因为这样做对你自己好而去做。或许有人会说，跟这些团体接触会让你更抑郁。如果是为了逃避抑郁，你应该去跟那些度假胜地的有钱人混在一起，而不应该去收容所看那些比你更可怜的人。不可否认，一定有人会因此而沮丧，但奇怪的是，看到别人在受苦会使你悲伤，但这种悲伤不是抑郁症的那种没有指望的、永恒的悲伤。这种悲伤是一种悲天悯人的悲伤。许多有经验的志愿者都发现，他们反而从这些工作中发现了自己生命的意义，跟那些垂死的患者接触反而点燃了他们生命的火花。他们为这些不幸的人感到难过，但他们不抑郁。

如果你为社区、为团体服务得够久，你就会找到生命的意义，你会发现你越来越不容易抑郁，也变得不容易感冒，越来越喜欢参加团体的活动而不是关起门来“独乐”。更重要的是，你心灵中那块空虚的部分会被填得满满的，那种被个人主义所滋养的无意义感会逐渐消失。在这个时代，这样做的选择权绝对在你自己手中。

## 学会乐观

开发“特大号”自我的优势的另一个方法就是运用习得性乐观。我们前面已经讲得很清楚，抑郁症是如何跟随一个对失败或失落的悲观想法而进入你心田的。学习如何用乐观的态度去面对失意是击退抑郁症最好的武器。学会了它，你将终生受用不尽，它可以帮助你获得更高的成就，拥有更健康的身体。

一个把抑郁症看成基因问题的社会，会使我们对改变悲观的想法无能为力。一个不重视自我的社会，是不会对自我有什么想法感兴趣的。但当一个社会以自我为中心在运转时，就如同我们现在的这个社会，自我的想法和这种想法所引发的行为后果已经成了科学研究的题目。

我希望我女儿这一代人会把抑郁症看成思想的衍生物。更重要的是，他们会认为我们的思想是可以改变的。“特大号”自我最大的防御工事就是自我认为它是可以改变自己的想法的，而这种想法、信心使得改变得以发生。

我并不认为单靠习得性乐观就足以抵挡整个社会的抑郁症潮流，乐观只有跟智慧结合在一起时才有用，它单独存在时没有任何意义。乐观是帮助一个人达到他所设定的目标的工具，乐观是否有意义取决于目标的选择。当乐观与社会奉献相结合时，抑郁症的泛滥和生命的无意义感才会被遏止。

## 弹性的乐观主义

毫无疑问，乐观对我们有益，也能使生活更有趣。但仅仅是乐观并不能阻止抑郁症，乐观并非万灵药，我们前面谈过它的缺点与局限。例如，它在某些文化环境中效果较好，在某些文化环境中效果不好；它有时会让我们看不到真实的外界；最后，它也会使有些人去逃避自己失败的责任。但是，这些局限不会抹杀乐观的好处。

在第 1 章里，我们谈到两种看待世界的方法，一种是乐观的，另一种是悲观的。如果你是个悲观的人，那你只好住在悲观的世界里，时时忍受抑郁的折磨。你的工作和健康因此要付出代价，你的心境永远是阴暗多雨的。付出了这个代价后，你所换来的是对世界更精确的认识以及强烈的责任感。

但如果学会了乐观，你就可以随时因需要而选择性地运用它，你不必担心成为乐观的奴隶。如果你已经把这个技术学得很好了，当碰到挫折、失败时，你就可以拿出反驳的法宝来打退盘踞在你心里的大祸临头的思想，抵抗抑郁症的进攻。让我们假设你的女儿——小梅，正要上小学，她是全班年龄最小的，也是个子最矮的。老师希望她再在幼儿园待一年，如果不这样，她可能永远都比她的同学不成熟。但这个留级的想法让你很郁闷。

现在你可以选择各种各样的反驳来证明她应该进入一年级就读。例如，她的智商很高，她的音乐天分比幼儿园中其他小朋友都高，她很漂亮，等等。你也可以选择不去反驳。你可以对自己说这是需要面对真相的时候，你女儿的前途把握在你的手中，这不应该是击退抑郁的时机，你犯错误的代价远大于找回自信心的好处。这样一来，你可以选择不去反驳自己的悲观想法。

现在你所拥有的其实是更多的自由和选择。你可以在认为乐观对你更有益，使你获得更高成就或变得更健康时去用它，也可以在你认为需要有清晰的判断时不去用它。乐观并不会贬损你的价值观或降低你的判断力。你可以自由地运用它来完成你设定的目标，它使你积累的智慧能得以发挥。

那么天性就乐观的人又怎么办呢？这些乐观的人一直都是乐观的奴隶，就好像悲观的人一直都受到悲观的控制一样。不过他们所享受的好处比较多：他们的身体比较好，成就比较高；他们比较容易当选，担任公共职务。但他们都必须为上述的好处付出代价：不切实际的美好幻境或者薄弱的责任感。

乐观者现在也可以通过了解乐观的运作机制，从它的掌控下解脱出来。他们可以对自己说目前这个情境不适合采用以前的习惯，他们可以选择不用惯用的反驳战术，因为他们了解了这个战术的利与弊。

所以，乐观主义的好处并不是无限量的，悲观主义在社会和个人生活中也都有重要的作用。当情境需要悲观时，我们必须有勇气去接受它。我们所需要的不是盲目的乐观，我们需要的是弹性的乐观，一种审时度势的乐观。而这种乐观的益处，我认为是没有止境的。

## 塞利格曼的乐观课堂

Authentic Happiness

1. 要遏制抑郁的流行，首先要纠正对自我的过度重视，其次要加强社会、国家、集体、家庭等对个人的慰藉作用。

2. 乐观不是万灵药。我们需要的是弹性的乐观，即需要乐观的时候乐观，需要适度悲观的时候悲观，这种审时度势的乐观能帮助我们幸福地度过一生。

# 未来，属于终身学习者

我这辈子遇到的聪明人（来自各行各业的聪明人）没有不每天阅读的——没有，一个都没有。巴菲特读书之多，我读书之多，可能会让你感到吃惊。孩子们都笑话我。他们觉得我是一本长了两条腿的书。

———查理·芒格

互联网改变了信息连接的方式；指数型技术在迅速颠覆着现有的商业世界；人工智能已经开始抢占人类的工作岗位……

未来，到底需要什么样的人才？

改变命运唯一的策略是你要变成终身学习者。未来世界将不再需要单一的技能型人才，而是需要具备完善的知识结构、极强逻辑思考力和高感知力的复合型人才。优秀的人往往通过阅读建立足够强大的抽象思维能力，获得异于众人的思考和整合能力。未来，将属于终身学习者！而阅读必定和终身学习形影不离。

很多人读书，追求的是干货，寻求的是立刻行之有效的解决方案。其实这是一种留在舒适区的阅读方法。在这个充满不确定性的年代，答案不会简单地出现在书里，因为生活根本就没有标准确切的答案，你也不能期望过去的经验能解决未来的问题。

而真正的阅读，应该在书中与智者同行思考，借他们的视角看到世界的多元性，提出比答案更重要的好问题，在不确定的时代中领先起跑。

## 湛庐阅读 App：与最聪明的人共同进化

有人常常把成本支出的焦点放在书价上，把读完一本书当作阅读的终结。其实不然。

---

时间是读者付出的最大阅读成本

怎么读是读者面临的最大阅读障碍

“读书破万卷”不仅仅在“万”，更重要的是在“破”！

---

现在，我们构建了全新的“湛庐阅读”App。它将成为你“破万卷”的新居所。在这里：

- 不用考虑读什么，你可以便捷找到纸书、电子书、有声书和各种声音产品；
- 你可以学会怎么读，你将发现集泛读、通读、精读于一体的阅读解决方案；
- 你会与作者、译者、专家、推荐人和阅读教练相遇，他们是优质思想的发源地；
- 你会与优秀的读者和终身学习者为伍，他们对阅读和学习有着持久的热情和源源不绝的内驱力。

下载湛庐阅读 App，
坚持亲自阅读，
有声书、电子书、阅读服务，
一站获得。

图书在版编目（CIP）数据

浙江省版权局
著作权合同登记号
图字:11-2020-262号

活出最乐观的自己 / （美）马丁·塞利格曼著 ；洪兰译. -- 杭州 ：浙江教育出版社，2021.6（2025.11重印）
ISBN 978-7-5722-0722-8

Ⅰ. ①活… Ⅱ. ①马… ②洪… Ⅲ. ①成功心理一通俗读物 Ⅳ. ①B848.4-49

中国版本图书馆CIP数据核字(2021)第074916号

上架指导：畅销书 / 心理学



**活出最乐观的自己**
HUOCHU ZUI LEGUAN DE ZIJI
[美] 马丁·塞利格曼 著
洪兰 译

---

**责任编辑**：傅 越
**美术编辑**：韩 波
**封面设计**：ablackcover.com
**责任校对**：刘晋苏 洪 滔
**责任印务**：陈 沁

**出版发行**：浙江教育出版社（杭州市环城北路 177 号）
**印　　刷**：唐山富达印务有限公司
**开　　本**：710mm ×965mm 1/16
**印　　张**：20　　**字　　数**：285 千字
**版　　次**：2021 年 6 月第 1 版　　**印　　次**：2025 年 11 月第 14 次印刷
**书　　号**：ISBN 978-7-5722-0722-8　　**定　　价**：69.90 元

---

如发现印装质量问题，影响阅读，请致电 010-56676359 联系调换。